共感革命

社交する人類の進化と未来

山極壽一
Yamagiwa Juichi

河出新書
067

はじめに

共感によって進化した人類は、今、共感によって滅ぼうとしている。

人類は約七〇〇万年前、チンパンジーとの共通祖先から分かれ、独自の進化を遂げた。それまで暮らした森を捨て、直立二足歩行によって地球上のあらゆる場所に進出した。弱い生き物として出発した人類は、今や最強の種として地球に君臨している。

人類の繁栄は、約七万年前の言葉の獲得が大きな起点だったとされている。言葉の獲得によって「認知革命」が起き、現在までの発展につながったというのだ。

しかし私はこの「認知革命」の前に、もっと大きな革命があったのではないかと考えている。それは「共感」による革命だ。人類は「共感」によって仲間とつながり、大きな集団を形成し、強大な力を手にした。「共感革命」こそが、人類史上最大の革命だったのではないか。

そうやって進化したはずの私たちだが、現在、大きな危機に瀕している。

人間の本性は暴力的だと思い込み、いつの間にか争いが当たり前になってしまった。同じ種でありながら憎み合い、殺し合う。仲間を仲間と認識せずに排除する。ロシアによるウクライナ侵攻はその典型だろう。世界各国で独裁的な政権が次々と誕生し、民主主義が危機を迎え、台湾有事やアメリカ内戦の可能性まで囁(ささや)かれるようになった。人類を進化させたはずの共感が暴走する時代を迎えているのだ。

だが、思い出してほしい。

詳しくは本文に譲るが、私たちが二足歩行を選択したのは、仲間の存在、気持ちを想像し、仲間のために離れた場所から食物を運ぶためだ。それは弱みを強みに変える人類特有の生存戦略の出発点だった。それ以来私たちは、長い間、「共感」によって他者とともに暮らしてきたのだ。

私は、人類の未来を信じている。人類は仲間を信じたことによって、様々な困難を解決し、進化していったのだ。戦争や暴力は、人類の本性ではない。私たちは誕生からほとんどの期間を、対等な関係性の中で平和に暮らしてきた。今こそ「共感」の起源、歩んできた歴史を見直し、新たな未来への第一歩を考えていきたい。

目次

序章

「共感革命」とはなにか

――「言葉」のまえに「音楽」があった

二足歩行が共感革命を起こした

類人猿の子ども特有の遊びに、ピルエットと呼ばれるものがある。ピルエットとはぐるぐると回転することだ。この遊びはサルには見られず、類人猿にしか見られない。フランスの社会学者ロジェ・カイヨワが分類した四つの遊びの中で最も自由な、浮遊感に満たされ冒険的な緊張感に包まれる遊びで、類人猿が人間に進化するにつれてこの遊びは拡大し、ダンスという音楽的な才能と結びついていった。

私は人類が直立二足歩行を始めた理由の一つに、この「踊る身体」の獲得があったと考えている。

かつて人類はジャングルを四足で歩行していたが、やがて二足歩行へと変化する。歩行様式が変わった理由として、二足のほうがエネルギー効率も良く、遠くまで食物を集めに行けたからという説と、安全な場所で待つ仲間の元へ栄養価の高い食物を運びやすかったからという、二つの説がこれまで有力だった。

しかし、私は別の考えを持っている。

四足で歩行すると手に力がかかり、胸にも圧力がかかって自由な発声ができない。しかし二足で立てば支点が上がり、上半身と下半身が別々に動くので、ぐるぐる回ってダンスを踊れるようになる。

　また二足で立つと胸が圧力から解放されて、喉頭が下がり様々な声を出せるようになる。言葉を獲得する以前の、意味を持たない音楽的な声と、音楽的な踊れる身体への変化によって、共鳴する身体ができる。この身体の共鳴こそが人間の共感力の始まりで、そこから音楽的な声は子守歌となり、やがて言葉へと変化する。人間はそうやって共感力を高めながら、社会の規模を拡大していったのではないか。

胸を叩きながらピルエットを踊るゴリラの赤ちゃん
（写真：著者提供）

『サピエンス全史』で知られる歴史学者のユヴァル・ノア・ハラリは、ホモ・サピエンスが言葉を獲得し、意思伝達能力が向上したことを「認知革命」と呼び、種の飛躍的拡大の最初の一歩と考えた。しかし私は「認知革命」の前に「共感革命」があったという仮説を持っている。

　もし七万年前に言葉が登場したという説が正しければ、人類はチンパンジーとの共通祖先から分かれた七〇〇万年の中でわずか一パーセントの期間しか言葉を喋（しゃべ）っていないことになる。その点を踏まえれば、まず身体があり、次に共感という土台があった上で言葉が登場したと考えるほうが自然だろう。

イギリスの霊長類学者ロビン・ダンバーは「社会脳仮説」を唱え、言葉は脳を大きくすることに役立っていないと指摘している。人類の脳は二〇〇万年前に大きくなり始め、ホモ・サピエンスが登場する前に、すでに現在の大きさになっていた。つまり言葉が脳を大きくしたわけではなく、むしろ先に脳が大きくなり、その結果として、言葉が出てきたと考えられるのだ。

ではなぜ脳は大きくなったのだろうか。

ダンバーは人間の脳と、サルや類人猿の脳の大きさの違いについて、様々なパラメータを比較して検討した。その結果、大きな集団で暮らしている種ほど脳が大きいという事実を発見した。大きな集団で暮らせば、付き合う仲間の数が増える。自分と仲間、あるいは仲間同士の社会的な関係をしっかり覚えているほうが、様々な場面で適切に行動できる。つまり社会の中で他者と交わるために、脳を大きくする必要があったと考えられるのだ。

ただし、脳が適応できる集団の人数にも限界はある。

時代によって脳のサイズは変化しているが、それぞれの時代の大きさから推定して、人類の平均的な集団人数を割り出すことができる。七〇〇万年前から五〇〇万年間は、現在のゴリラやチンパンジーと同じくらいの脳の大きさで、集団サイズは一〇～二〇人程度だった。その後、脳が大きくなるにつれて適正な集団サイズは大きくなり、現代人の脳の大きさ（約一五〇〇cc）だと、一五〇人程度とされている。

「言葉」のまえに「音楽」があった

人類が言葉の獲得に至った理由の一つは、脳の中の記憶を外に出すためだったのではないかと私は考えている。

人類が言葉を獲得する以前は、個人的な体験を仲間に伝えられなかった。しかし言葉という音声記号によってはじめて伝えられるようになっていった。

今、私たちは文字を紙に書いたり、メールやSNSなどの伝達手段の発達により、個人の記憶を外部のデータベースへ移しやすくなった。アウトプットの手段が増えれば、いずれ会話は必要なくなるかもしれない。会話をしなくても記憶を自在に取り出せるようになり、記憶のすべてが脳の外にある状況が訪れる可能性すらありえる。農耕牧畜が始まった一万二〇〇〇年ぐらい前と比べると、現代人の脳は一〇～三〇パーセント縮んでいるという説もあり、もしかすると今後、脳が不要となる時代が来るかもしれない。

さらに私たちは、考える力や判断力までＡＩに委ね始めている。人間は徐々に自律的な存在から他律的な存在になっている。他律的になれば、あらかじめ立てられたスケジュールに従って動くようになり、あらかじめ集められた情報に従って判断を下すのは当然だ、と考えるようになる。こうなれば、もう機械と同じである。

もっと大変なのは、未来が過去に奪われ始めていることだ。ＡＩは情報がなければ動けない。答えを出すときには、必ず過去の情報を分析して未来を予想する。それはつまり過去に縛られているということだ。ＡＩはゼロから一を生み出せないから、過去の出来事が未来をつくることになる。その未来のスケジュールに従って人間が動くのであれば、私たちはもう自律的に未来を描けなくなるだろう。

だからこそ、ＡＩの裏をかいて、過去を捉えなおす必要がある。過去を振り返り、かつての誤ったポイントで別の判断をしていたらどんな現在が見えるのか、そしてその現在の彼方にある、まだ起こっていない未来を新たに創造していく必要がある。

言葉には重さがないし、どこへでも持ち歩きができる。だから遠くにあって自分には体験できないこと、あるいは過去に起こってしまって体験のしようがない出来事を言葉によって自分のものにできる。現実にはないものも言葉によってつくり出せる。まさに虚構だが、その虚構を信じることで、物語を共有できるようになり、一気に世界は広がった。

　そもそも言葉は七万年前に突然出てきたものではないだろう。恐らく最初に生まれたコミュニケーションは、音楽的なものだったはずだ。音楽的なコミュニケーションとは歌を唄うだけではない。身体でリズムをとり一緒に踊る行為も含まれる。私たちは会話をしているとき、身体を使って相手に同調している。相手の言っていることに頷(うなず)き、顔や手などを動かしながらリアクションしている。言葉が当たり前になった今でも、私たちは身体を使ってコミュニケーションしているのだ。恐らく最初の頃の言葉は、意味を伝え合うものではなかっただろう。

　もちろん言葉は意味を伝えることが重要な働きである。けれど同じ言葉でも、相手と自分の関係や、ちょっとした言い回しで意味は変わってしまう。些細な会話や何気ないメールのひと言で、相手に誤解されてしまった経験は誰にでもあるだろう。本来の言葉は、やはり肉声を伴って対面で行われていたはずで、言葉にできない要素こそが、とても重要な役割を果たしていたのだ。

　音楽を拡張すれば、身振り手振りになり、マナーの問題にも通じてくる。相手を上目遣いで見るのか、見下ろすのか、それは言葉にも表れるし、関係によって態度も変わる。そうやって対面でのコミュニケーションは一つのリズムをつくる。食事も、どういう順番で、どのぐらいの時間をかけて相手と合わせながら食べるのか。これも一つの音楽的なリズムをつくっている例と言えるのではないか。

人間が仲間と付き合うために持っているリズム感は文化とも言えるだろう。その文化は言葉が登場する前につくられ、一五〇人以下の小規模な集団内で通用するリズムとして共有された。そこに言葉は必要とされない。事実、ゴリラは言葉を喋れないが、群れとして一つの生き物のように動くことができるし、その能力は現代人も持ち合わせている。私たちの日々の出会いや社交も、そういう身体の共鳴によってつくられているのだ。

『社交する人間　ホモ・ソシアビリス』という著作もある劇作家の山崎正和さんは「社交とはリズムである」と言っていた。そして「社交とは文化である」と考えていた。社交は言葉ではなく、身体の共鳴なのだ。

ホストが物語を紡ぎ、今日はこういう社交をしましょうとみんなに呼びかけて、人々が集まってくる。だけど参加する人たちは、物がもらえるから集まるわけではない。ホストの物語やリズムを共有するために集まるのだ。

例えば文化やリズムは、茶道の中にもある。お茶の席で使う帛紗（ふくさ）には、帛紗さばきと呼ばれる作法があるし、茶器をどのように扱うかという、身体の作法がある。その作法を演じる中で、ホストが考える身体の流れ、人々の付き合いが演出されて共有され、同じゴールに向かう人々の心を一つにする。完成された社交は、言葉だけではできておらず、ホストの考える物語を身体で共有するところまで含まれるのだ。これは一種の音楽ともいえるもので、言葉を獲得する以前の人間の社交とは何かがよくわかる事例だろう。音楽的なリズムの共有によって、仲間意識が生まれるのだ。

コンゴのカフジ山で村人と踊る（写真：著者提供）

本来その仲間は現代のような人口密度の高い一〇〇〇人、二〇〇〇人という数では成立しない。せいぜい一五〇人程度の顔見知りの間柄であることが不可欠だ。ただ人間は、都市を発展させ、一生懸命にこの関係性を拡大しようとした。スポーツやコンサートに集まる何千、何万人が、その試合に、あるいはコンサートに熱狂し、ときには会場でウェーブをつくったり、手を振ったりして身体を共振させようとする。その基礎となるのが、まさに身体を共鳴させる音楽的なコミュニケーションなのだ。

私がコンゴ（現在のザイール共和国）でゴリラの調査をしていた頃、現地ではいつも人々がリンガラ・ミュージックに合わせて踊り、歌う姿を見てきた。私もその輪の中に入り、共に踊った。簡単な踊り方のマナーがある他は、どんな踊りをしても自由で、これも社交の一つといえるだろう。

アフリカでもう一つ印象的だったのが、ピグミーと呼ばれる狩猟採集民だ。

彼らは天性の踊り子と呼ばれていて、実際に世界的な音楽祭で優勝したこともある。彼らの音楽は一人一音、ポリフォニー（多声的）で、いろいろな人たちがそれぞれ異なる「自分の音」を出し、その集合音が自然にメロディーになっていく。言葉を使わない音だけの音楽で、仏教の声明（しょうみょう）に似ているかもしれない。太鼓でリズムをとり、輪になって足並みを合わせる。その輪の中で一人一人が即興で踊りを演じる。彼らは森の民なので、踊るときによく動物の真似をする。ゾウの真似をしたり、身体で森の様子を表したりする。まさに身体で状況を知らせるコミュニケーションだ。森の中では獲物に気づかれてしまうから言葉を交わせない。だから口笛などでお互いに交信する。動物を呼ぶための様々な仕掛けもあって、草笛を吹いたり、三人一組ぐらいでチームを組んだりして狩りをする。こういう場所で言葉は全く意味をなさないと強く実感した。

野生のゴリラは音楽的な声だけで言葉を発しない。それでも彼らは体を使って、動きで会話し合っている。それが観察しているこちらにも伝わってくる。ゴリラは靴や服を身につけない。余計なものを身につけると、体での会話ができないからだ。だから彼らは裸でいる。なるほどと思った瞬間だった。

神という虚構、知性のモジュール

新約聖書の四福音書の一つである「ヨハネによる福音書」は、「はじめに言葉ありき」で始まる。この世は言葉によってつくられた、言葉は神である、という意味である。

言葉が人間の世界の始まりだとする考えは、ユヴァル・ノア・ハラリも同じだ。彼は、フィクションを信じる能力が言葉によってもたらされて、人間同士の大規模な協力が可能になり、神も国家もお金も言葉がつくりだした虚構だと指摘する。

しかし言葉は人間の脳容量を増やしてはいないから、世界を認知する能力を大きく変えたと考えるべきだろう。

イギリスの認知考古学者であるスティーヴン・ミズンは『心の先史時代』という著書の中で、人類は生態学的知性、道具的知性、社会的知性という三つの異なる知性を脳の中に別々のモジュールとして発達させてきたという仮説を提示している。言葉は三つの知性をつないで認知的流動性をもたらし、文化のビッグバン（大爆発）を起こしたというのだ。

かつてヨーロッパに君臨していたのは、私たちと変わらないか、もしくはそれ以上の大きさの脳を持つネアンデルタール人だった。しかしそのネアンデルタール人が、現代人ホモ・サピエンスによって絶滅させられたのは大きな謎だった。その理由について、言葉の有無によるものだとミズンは指摘する。

四万五〇〇〇年前までにヨーロッパに進出した現代人サピエンスたちは、ネックレスやブレスレットなど膨大な装飾品を製作し、彫刻や壁画などの芸術作品も残した。装飾品や芸術作品をほとんど残さなかったと思われるネアンデルタール人と、現代人の旺盛な文化活動には、大きな違いがある。この違いをミズンは文化のビッグバンと考えたのだ。

現代人は言葉を獲得したことで、個々に発達した知性をつなぎ、比喩を使って創造性を高めて新しい環境に適応できたおかげで、言葉を持たないネアンデルタール人を追いやったのだろう。

認知的流動性という言葉は少しわかりにくいかもしれないが、独自に発達してきた知性が言葉によってつながることだ。例えば、生態学的知性は社会的知性とつながったおかげで、山や谷が人間の顔や動物の体に見えるようになる。道具的知性と社会的知性がつながれば、道具を人の手や足に見立てて使えるようになる。つまり、言葉を使った比喩によって世界を捉える能力が上がり、応用したり、創造したりする力が強まっていったのだ。

ドイツで発見されたライオンマンという象牙彫刻は、三万二〇〇〇年前のものとされ、最古の彫刻として知られている。マンモスの牙からつくられ、頭部がライオンで体は人間のこの像は、ライオンの雄々しさと気高さを身につけるためにつくられたのだと考えられている。

マンモスの象牙から刻み出されたライオンマン(写真:Shutterstock)

また同時代のヨーロッパでは、乳房や腹部、臀部（でんぶ）を強調した女性像が多く見つかっている。「旧石器時代のビーナス」と呼ばれるこれらの像がつくられた目的は諸説あるが、多産や安産への期待が込められていた可能性が高い。これらの発掘物は、言葉を話せるようになったサピエンスが、現実を超える能力を持つように、期待したり祈ったりするようになった証拠といえるだろう。言葉は、人間が自分たちを他の動植物と結び付けて現実とは異なった能力を手にしようとしたところから始まったのかもしれない。

ただ、そのネアンデルタール人も、最近になってアクセサリーを身に着けていたことや、死者を埋葬する習慣があったこと、木の柄に石器を装着する技術を持っていたことなどが少しずつ明らかになっている。ホモ・サピエンスほどではないにせよ、まったく文化的な素養がなかったわけではなさそうだ。

かつてはヨーロッパだけで文化のビッグバンが起きたと考えられていた時期もあった。しかし今ではそうではないとされている。アジアで様々な技術を開発していたようだし、七万五〇〇〇年前の南アフリカのブロンボス洞窟では、人類最古とみられる穴のあいた貝殻製のビーズや、身体装飾に使ったと見られる酸化鉄などが出ている。サピエンスは言葉とともに変身願望を高めたのだろう。

おそらく、変身願望は共感能力に加えて、言葉を使うことによって出てきた意識だろう。動物になった気持ちで行動を予測すれば狩りの成果は上がるはずだし、木のようにどっしりと構えたり、晴れた日の空のように清々しい思いを抱いたりするほうが、集団の人間関係をうまくつくれるかもしれない。

ホモ・サピエンスはネアンデルタール人よりも広いネットワークを持ち、移動できる距離も長かった。言葉を駆使して交流できたために、急速に世界各地へ生息地を広げていったのだ。

人類が「虚構」をつくり直すとき

歴史は繰り返すと私たちはよく口にする。しかし今こそ、歴史の繰り返しを止めないといけない時期だ。

資本主義経済と自由主義が科学技術によってサポートされ、後戻りできない場所まで来てしまった。私たちがここまで来たのは、ある面では進歩の結果かもしれないが、間違いの結果でもある。その一番典型的なものが戦争だろう。地球環境破壊が進んでしまったのも、あるいはもっと身近なレベルでいえばいじめだって、歴史のどこかで人間が間違えたから起こったものだ。我々はどこで間違えたのかを、真剣に考え直さなければ、未来は拓けない。

グローバル化した現在、人類は常に地球という単位で社会を考えようとする。しかし人類は社会を大きくしすぎた。先ほども触れたように、人間の集団の適正サイズは一五〇人程度とされている。身体を共鳴させられる仲間の上限はそれくらいだ。重要なのは一五〇人という共同体をしっかりと保ちながら、その共同体同士をつなげていくことなのだ。

ここでいう共同体は、ベネディクト・アンダーソンが言う「想像の共同体」ではなく、「信頼の共同体」だ。例えば異なる共同体であっても、地理的に近ければ、自然資源を介してつながり合える。そうやって、身体を共鳴させられる小さな共同体がいくつもつながると、ある程度大きな共同体が可能になるはずだ。共同体の内部で仲間関係を構築し、人や物の交流を密にすれば、共同体同士のつながりが生まれる。共同体の文化は、その土地の自然環境と密接に結びついている。海に生きる民と山に住む民は元々倫理観が違う。だけど自然はつながっている。山、川、森、海、里などの連関は、陸でつながり、海でもつながる。物が移動し、人々も交流することができる。

現代のプラットフォームは、世界中で同じものを同じ値段で売ろうとするから格差が生じる。格差を生まないためには、その土地特有のものを、その土地ならではの価値をつけて世界に広げることが重要だ。そのためには、まず地元に目を向けなければいけないだろう。これまでは"Think globally, act locally"という標語が叫ばれていたが、これからは、"Think locally, act glocally"が大切になってくる。ローカルの立場からどうやればいいかを考えながら、グローバルなプラットフォームを活用していくのだ。

　あくまでも重要なのはローカルだ。国の安全保障ではなくて、人の安全保障だ。人が安全に豊かに暮らせなければ、国の安全もない。今、多くの国では、人命を犠牲にしてでも国の安全保障を第一に考えようとしている。ロシアとウクライナの戦争で犠牲になっているのは一人ひとりの市民だ。国を守るためなら人命を犠牲にしてもいい、と考えるようになったのはなぜなのか、歴史を遡って考え、別の方策をとらなければいけない。

　政治家はよく二つのことを言う。「後戻りはできない」「あなたの言っていることは絵に描いた理想」だと。でもそれは違う。後戻りはできるし、私たちは理想を掲げなければ前には進めない。人類は言葉を持ち、その言葉によって虚構をつくった。より豊かな未来を虚構によって描きながら進んできた。言葉のない時代と言葉のある時代では、進むスピードが全く違う。言葉のない視覚優位の世界では、現物を見なければ納得できなかったのに、言葉ができてからは、現物を見なくても情景を描けるようになった。しかしその虚構は、やがて科学技術と手を組み、地球環境の破壊へと進んでしまった。

　今、改めてリアルな世界と通じる虚構をつくらなくてはいけない。これまで人類が描いた虚構は間違っていた。だから私たちは過去に戻り、これまでとは違う別の虚構をもう一度つくり直し、未来を変えなくてはいけない。その未来について、人間の本質を進化の観点から見直すことを通して考えていこうと思う。

第一章

「社交」する人類
——踊る身体、歌うコミュニケーション

人類は立ち、踊り始めた

序章でも触れたように、人類の共感能力は、直立二足歩行を始めたことによって高まった。直立し二足で歩行をする霊長類は他にいない。人類は熱帯雨林を出たが、直立二足歩行をしない類人猿は、未だに熱帯雨林に棲み続けている。

直立二足歩行は熱帯雨林の外で食物を探し、自由になった手で食物を運ぶのに適していただけではない。長い距離であっても、ゆっくりした速度で歩けばエネルギー効率がいいのだ。そのため、四足歩行よりも二足歩行のほうが広い草原で分散して食物を採集するのに役立った。

また二足歩行は、赤道の近くなど太陽の陽射しが強い場所でも有効だったはずだ。四足歩行と比べて地表の放射熱から体を遠ざけることができるし、角度によっては陽射しを浴びる面積も少なくできる。

また、直立二足歩行によって獲得した自由な発声は、後々言葉を喋る能力につながったといわれている。しかし、実際に言葉を喋るためには、喉頭が下がるだけでは駄目で、歯列がアーチ状になることも必要だ。なにより認知能力が加わらなければ言葉は喋れないため、すぐに言葉を獲得したわけではなかったはずだ。

喉頭が下がったことにより、音楽的な能力と踊る能力を獲得した人類は、未だに立って踊る。座って踊ることは難しい。

踊る際には、一人ではなく、みんなで踊る。それは他者の身体と自分の身体を同調させ、共鳴させることになる。だから踊りは共感力を高める源泉なのだ。

サルや類人猿も大きな声を発するときはみんな、二足で立たないまでも、上半身を立てる。四六時中立っていることでいろいろな音を自在に出せるようになり、しかも喉頭が下がれば音のトーンやピッチを変えられる。人類は言葉を喋る前に、音楽的な能力が広範に備わったのだ。

直立二足歩行による世界の拡大は、人類の進化にとって相当大きな出来事だった。直立二足歩行によって自由になった手で食物を安全な場所に持ち帰り、仲間と一緒に食べる。そうすることによって、これまでにはない社会性が芽生えた。自分で獲得したわけではない食物を食べる経験によって、見えないものを欲望できるようになったのだ。遠くに行った仲間が、自分の元に好物を持って帰ってきてくれるに違いないという期待と、待っている仲間が採集に向かう自分に対して期待しているに違いないという思い。互いに相手の行動が見えなくても、きっと自分の願った通りになるという感情がそこに芽生える。

サルや類人猿を観察していると、基本的に食物は見つけた場所でしか食べないし、離れた場所にいる仲間に分配することもない。狩りや採集からの帰りを待つ側の人類からすると、遠くから持ち運ばれてくる食物は採れた場面を確かめたわけではないから、不安に思うケースがあったはずだ。しかし人類は、自分の目だけを信じるのではなく、持ってきた仲間を信じて食べるという、信頼感を持っている。

市販されている食品を食べるという行為は、現代の私たちからすると当たり前だが、仲間を信じて、仲間がくれたものを食べるまでには、大きな認知の飛躍があったはずだ。

仲間への信頼が当たり前ではなかった時代には、仲間に「食べても大丈夫だ」と信じさせるために、何らかのコミュニケーションが必要となっただろう。恐らく人類は、身振り手振りで安全であると伝えようとした。あそこの山から持ってきた食物で安全なんだとか、自分たちも食べたが美味しかった、などと伝えようとしたはずだ。仲間への信頼感が類人猿以上に高まらなければ、仲間が運んできた食物を食べられない。音楽的な能力と同時に、仲間への共感、信頼がこの頃から高まったのだ。

叩く、鳴らす、合唱する仲間の輪

音楽的な話でいうと、人類初の音楽は、パーカッションによるものだったのではないか。ゴリラは立ち上がって両手で胸を叩くし、チンパンジーは立ち上がって足を踏み鳴らしたり、板根（ばんこん）を手でたたくことがある。これは優位なオスによる示威行動として知られているが、どちらにも共通するのが二足で立つことだ。チンパンジーは興奮したときに、パントフートと呼ばれる大きな声を出して仲間たちと合唱することがある。

このような点から考えると、初期の人類の祖先たちも、チンパンジーと近い形で、様々なものを叩いたり踊ったり、あるいは歌ったりして、身体の共鳴を強化し、集団的に興奮の度合いを高めて、まとまりを強めたはずだ。

狩りに行くときや、戦いに出る前には、歌や踊りで恐怖心を抑え、感情を高めて集団を鼓舞する。このような行為は人類のどの時代、どの社会でも見られるものだ。

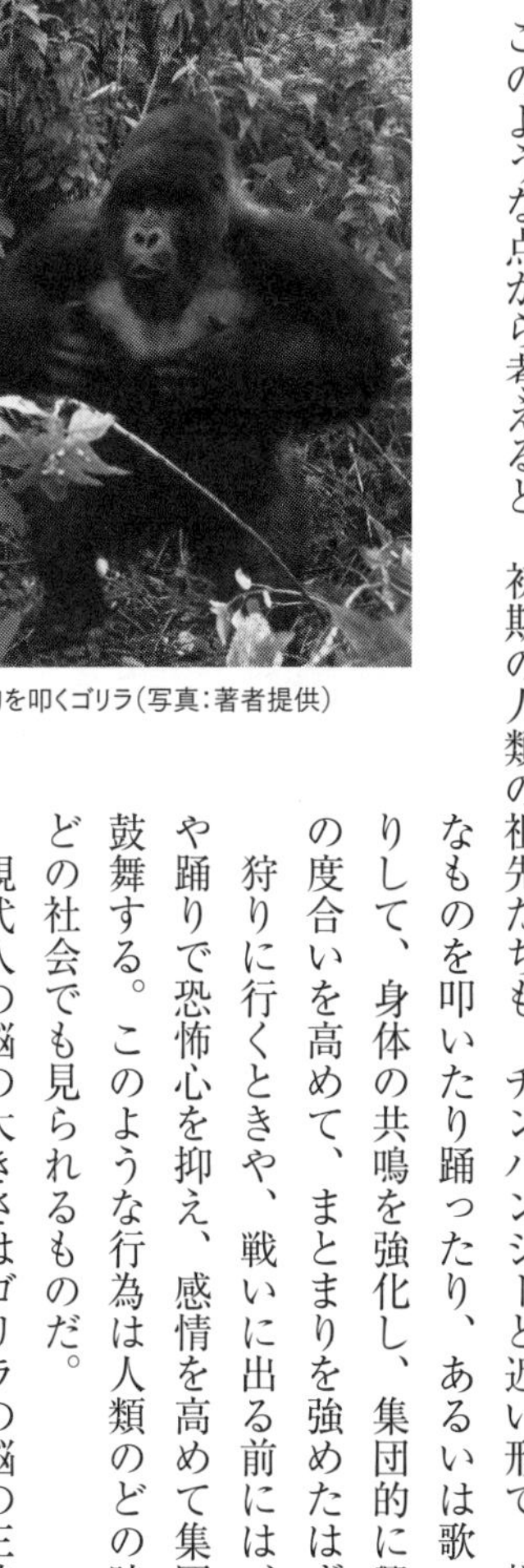

胸を叩くゴリラ（写真：著者提供）

現代人の脳の大きさはゴリラの脳の三倍あ

る。序章でも触れた通り、脳が大きくなり始めたのは二〇〇万年前で、現代人並みの脳の大きさになったのは四〇万年前だから、言葉の登場よりずっと前のことだ。人間の祖先は脳を大きくし、共に暮らす仲間の数を増やしたと推測される。

しかし、集団サイズは簡単に拡大できるものではない。

その大きな理由は食料だ。ヌーやシマウマのような草食動物であれば、餌となる草や葉は大量に手に入りやすいので比較的容易に大きな集団をつくれる。しかし、霊長類、中でも類人猿の主食は熟した果実であるために、時期も量も限られてしまうため、大きな集団になるとどうしても食料が不足してしまう。そうなるとトラブルが発生しやすくなるため、簡単に集団が分裂しないように、細やかなコミュニケーションが必要になったのだ。

サルは仲間同士の毛づくろいによって、集団内の絆を維持する。けれど、毛づくろいは一回に一頭しかできないし、数珠つなぎでやろうとしても、三頭か四頭が上限である。人間の祖先も、食事の際にはみんなで集まって団らんの場を設けたはずだが、人数としては一〇人程度だっただろう。

もっと大人数でも可能なやりとりを考えた際に、音楽的なコミュニケーションは重要になったはずだ。

踊りは簡単に仲間と身体を共鳴させられるし、踊りの輪はどんどん広げることが可能だ。現代の日本でも全国各地に残っている、盆踊りや阿波踊りなどはまさにその典型だろう。また世界中の文化を見ても、歌や踊りを備えている地域はとても多い。打楽器を叩く音が鳴り響き、次第に人が加わることで踊りの輪は大きくなっていく。輪の中央には、踊りが得意な者たちが次々と躍り出て、様々な動きを見せる。そこには、言葉がなくてもコミュニケーションが成立する世界がある。

遊ぶ人間、ホモ・ルーデンス

オランダの歴史学者ヨハン・ホイジンガは一九三八年に『ホモ・ルーデンス』を発表し、人間社会における遊びの重要性を説いた。

遊びは経済的な利益を求めないし、目的も定めない自由な活動だ。また楽しさを追求するもので、遊び自体が目的になる。しかも、日常を離れた「虚構」でもあり、遊びの中だけで通じる独自のルールがつくられる。遊びという行為は、人間のどの文化や文明にも存在しており、一見、無為に見える遊びこそが、社会を発達させた源ともいえるのではないか。

人間の遊びに関して、フランスの社会学者ロジェ・カイヨワの優れた考察がある。一九五八年に出版された『遊びと人間』という著書においてカイヨワは、文化が遊びを通じてつくられることを指摘している。

遊びは、競争（アゴン）、偶然（アレア）、模擬（ミミクリ）、眩暈（イリンクス）という四つのカテゴリーに分けられ、そのどれもが時空間的な虚構の中で制定されたルールに基づき実施される。この遊びは、常に予測できない要素を含んでいなければならない。競争的な要素の強い遊びとしてスポーツがある。また偶然的な遊びは賭け事などで、模擬的な遊びはモノマネ、眩暈的遊びとしてはジェットコースターのような一歩間違えれば生命にかかわるような冒険的行為である。

これらの遊びは他の動物にもあるのだが、偶然的な遊びは人間にしか見られない。人間以外の動物は、自分の意志でコントロールできない偶然性では遊ばないのだ。

ゴリラの遊びを観察してみると、アゴンは追いかけっこやレスリング、ミミクリは木の枝などを赤ちゃんに見立てる遊び、イリンクスは木の枝にぶら下がりぐるぐる回るような遊びが当てはまる。しかし、偶然が伴うアレアは存在しないことがわかる。アレアという偶然を伴う遊びには、未来を想像しながら、あえて偶然に賭ける人間独特の意識と認知が必要なのだ。

人間の場合、たとえ自分に不利な状況でも、いつか幸運が転がり込むかもしれないと信じる心がある。そう考えると、宗教もアレアの一種なのかもしれない。宗教には天国や地獄があると教えるものも多いが、実際に天国や地獄を見た人はいない。それなのに、天国や来世など、次の世界で報われると信じて、この世の苦しみを引き受けようとする人が大勢いる。これは人間ならではの現象だ。

木の上で遊ぶゴリラの子ども(写真:著者提供)

この遊びについてだが、ホイジンガもカイヨワも、見落としていることがある。それは、遊びが緊張状態では起きない点についてだ。

私が初めてゴリラに会ったとき、ゴリラはひたすら食べるか、日向ぼっこをして寝ているばかりで、互いにあまり干渉しないように見えた。けれど、ゴリラたちが私に馴れてよく観察できるようになると、うるさいほど声を出すし、子どもたちはひっきりなしに遊びたがることがわかった。私もよく遊びに誘われて困ったものだ。ゴリラたちは初めて出会った私を警戒して遊ぶのを控えていたのである。人間の社会でも、戦争が起きたり、飢餓で苦しんでいたりするときに、子どもたちは遊ぼうとしない。遊びは生活の中で安心して余裕がある際に、はじめてできるものなのだ。

音楽は生き延びるためのコミュニケーション

人類は一八〇万年ほど前に、アフリカ大陸を出た。

アフリカ大陸を出るためには広大なサバンナを越えなくてはいけない。サバンナにはライオンやハイエナなど現代よりずっと多くの猛獣がいて、草原と低木が広がる場所だから簡単に隠れることもできない。そんな危険な場所を大勢の人類が越えられたということは、そのときまでに、危険地帯をくぐり抜けられるほどの防衛力を備えた社会性を持っていたはずだ。

その社会性とは、共感力を基にしたものだったのだろう。つまり他者と協力する能力だ。その能力は、複数の家族で成立する重層構造の社会を構築する過程で高められたと私は考えている。

人類はサバンナを生き抜くために多産という生存戦略を選択した。草原に進出した初期には幼児がたくさん肉食動物の餌食になった。人類の祖先も餌食になる動物と同じように子どもをたくさんつくって補充したのである。しかし、人類の子どもの成長には時間がかかる。たくさんの子どもを抱えてしまうと、両親だけでは育てられない。そのために、子育ての単位として、一組の家族単体ではなく、複数の家族を含む共同体を形成した。それによって集団規模は大きくならざるを得ず、緊密に付き合う仲間の数によって脳は大きくなったと考えられる。

脳は、自分と仲間の関係、仲間同士の関係をきちんと記憶し、応用する。ただ、家族と共同体は編成原理が違うため、両立させるのはなかなか難しい。編成原理がなぜ違うかというと、一般的に家族は奉仕し合うものだからだ。親は子どもに対して奉仕したとしても、見返りを求めたりしない。子どもも親のために何かをしたからといって、親からの見返りを求めたりはしない。固い絆でつながっているから、自分が犠牲を払ってでも家族に尽くしたいと思うのは自然な感情だと考えられる（もちろん個別に見ていけば、奉仕が当たり前ではない、もしくは奉仕のつもりが考え方の違いによって歪（ゆが）みが生じる家族関係もあるが、あくまで一般論としての話のため、ここでは割愛する）。

だが共同体はそうではない。共同体は互酬性によって成り立っていて、何かすればお返しが来る、何かしてもらえばお返しをする、という形が当たり前で、そのお返しがない場合は、コンフリクト（軋轢）が起こる場合もある。そのコンフリクトを解消させるために、高い共感力と同時に過去と未来をつなぐパースペクティブを持たなくてはいけない。例えば、単純な例だが、目の前に困っている人がいるとして、前に助けてもらったから今度は自分が助ける立場になろう、あるいは、いつか自分も同じような状況になるかもしれないから、多少の犠牲を払ってでも相手に奉仕すれば、あとでお返しが来る、というような考え方だ。

人類は共感力に基づいて知能を高めたため、重層構造を持つ社会を築くことができた。重層構造を持つ社会が維持できれば、集団規模をどんどん大きくできる。そうすると、段々と仲間の人数も増える。仲間同士の社会関係を頭に入れておく必要性ができるから、社会脳として脳は大きくなる。これが序章でも紹介した、ロビン・ダンバーの「社会脳仮説」だ。

言葉を獲得していない時期に、重層構造の社会を可能にしたのが、音楽的なコミュニケーションだったと考えられる。

現代においても、その名残はある。例えばスタジアムなどの広い会場で、サッカーや音楽ライブを観る際に、声を出して応援できるようになると、人々はとても生き生きとする。今も一緒に踊るとか、あるいは声を上げて歌う行為は、人々の心をつなぐ非常に大事なコミュニケーションなのだ。

言葉という、音声と意味が合体されたコミュニケーションが出てこなくても、身体を共鳴させたり、他者と声を出し合って、合唱したりすることもできる。そうすれば集団の一体感は強まり、信頼しあえる仲間の規模は大きくなり、大型肉食獣にも打ち勝てる。そうやって人類はサバンナを越え、ユーラシア大陸へと進出していった。人類にとって、社会構造もコミュニケーションも、共感力を高めたことが大事な資源となったのだ。

なぜ人間だけに白目があるのか

人類が持つ大きな特徴として、白目が挙げられる。

相手の目の微細な動きから、他人の気持ちを推測できるのは、白目があるからだ。白目によって、黒目の向いている方向がわかり、相手がどこを見ているかがすぐわかる。人間だけが持っている能力、視線共有である。人間以外の霊長類で、こうした白目を持っているサルや類人猿はいない。類人猿も少し離れた相手とコミュニケーションをとる場合もあるが、白目を使うようには進化しなかった。

相手が見ている方向や対象には、何らかの意図が含まれているケースが多い。つまりそこには、相手の関心を引く何かがあるということだ。それは美味しい果実だったり、危険な外敵だったり、あるいは交尾の相手だったりする。その気持ちを仲間が瞬時に理解できるからこそ、集団的な行動が可能になる。

ここで間違えてはいけないのは、白目によって私たちは、相手の「考え」を読んでいるのではなく、相手の「気持ち」を読んでいる点だ。考えを読むのは「セオリー・オブ・マインド」といって、認知の向上が伴わなければできない行為だ。人類は言葉の獲得によってその能力を格段に高めた。しかし相手の気持ちを読むのはそれよりずっと前に進化した能力だろう。その結果、相手と一体化し、お互いの壁を乗り越えて行動を共にできるようになったのだ。

白目は視線共有をもたらして、相手の気持ちの読み解きに貢献し、共感力を高めるために使われている。白目は軟部組織のために化石としては残らず、いつ人類に現れたのか、正確にはわからない。だがゴリラやチンパンジーに白目がないことから、共通祖先から分かれたあとに現れた、人間だけの特徴だと考えられる。しかも世界中の人間がこの白目を持っていることから、ホモ・サピエンスが世界中に広がる前に、この白目が現れたと考えられる。共感力を高めながら、同時に人類の身体的特徴も変わっていったのだろう。

また、人間は簡単に真似する能力を持っている。悪口として「サル真似」という言葉があるが、サルに見たまま真似をする能力はない。人間は、頭の中であれこれと考えなくても、見たものをすぐに真似できる。それは相手の身体と自分の身体を即座に共鳴させられるからだ。つまり、すぐ相手の立場に立てるのだ。相手の立場に立つというのは、相手の身体を乗っ取るようなイメージに近い。真似は、人間だけに備わったとても優れた能力なのである。

なぜ共感力は悲劇をもたらしたのか

ここまで見てきたように、人類は何万年もかけて、共感力を育て上げてきた。

小規模な社会で共感力は発達し、大きな社会を構築していく上で、巨大な力を発揮した。だが、共感力は大きな効用とともに残酷な悲劇ももたらした。その能力は方向を間違え、戦争のような取り返しのつかない事態を招いてしまった。

人類の間違いのもとは、言葉の獲得と、農耕牧畜による食料生産と定住にある。

長い間、人類は個人の所有という概念を持っていなかったし、定住もしていなかった。狩猟採集時代の頃の人類は、一五〇人ぐらいの集団で共感力を使って仲良く生きていた。しかも自然は全て共有財で、土地は誰のものでもなく、誰が使ってもいい共有地だったから、集団間の争いは生まれにくかった。

しかし、農耕牧畜というシステムはそうではない。狩猟採集と農耕牧畜の大きな違いは時間の概念だ。

農耕牧畜は、定住して雑草をはらい、種を蒔き、芽が出て、その実を収穫するまでに時間がかかる。しかも収穫物を監視しなくてはいけない。定住する必要が生まれたことによって、土地に価値が生じるようになる。もちろん土地もどこも同じではなく、肥沃な土地と荒れた土地では価値の違いが生じる。どこも似たような「ただの土地」だったのに、「いい土地」と「悪い土地」という違いができたのだ。

最初の頃、農耕牧畜は、大変過酷な作業だった。狩猟採集は一日に二時間か三時間ほど働くだけで必要な食料を手に入れられたし、その土地に食料がなくなれば移住していた。現代の狩猟採集民もそういう生活をしている。

しかし農耕民は、土地に執着し続けるから、天変地異が起こって全てを失っても、そこに居続けようとする。気候が人々の暮らしを大きく左右する。だから人類は極端な人口の減少と増大に悩まされることになった。

もちろん農耕にもメリットはある。次第に農耕技術は発達し、食料の蓄積ができるようになっていく。農耕のいいところは、誰もが従事できるところだ。狩猟採集ではエキスパートがそれぞれの能力を駆使して多様な食料を集める。そこには個人的な差異が生まれるが、できるだけ差異が生じないように、平等を原則として、権威をつくらない仕組みが狩猟採集社会にはあった。長い歴史の中で、平等を守るための慣習が張り巡らされているのだ。

当然ながら個人の能力に差はあるが、そこで所有を認めたら、たくさんの獲物を所有する人に権威が集中してしまう。それをできるだけ解消するために、誰も所有をできないようにした。たとえ誰かが多く食料を獲得したとしても、分配する理由を見つけ出そうとするように、常に平等な社会を守ってきたのだ。

農耕牧畜が抱える本質的な失敗

格差社会となった現代では、平等を求める声が世界的に広がっている。しかし平等な社会は、狩猟採集社会の時代に、すでに実現していたのだ。

しかし、その後の農耕牧畜によって、土地による価値の違いができてしまい、領土ができてしまった。その領土も最初はなかなか定着しなかったが、技術が発展して食料が蓄積できるようになると、余剰人口を養えるようになる。余剰の人員がいれば、たとえ誰かがいなくなっても、その代わりはいくらでも見つかるわけだ。そのうち分業制になり、食料生産以外の活動に従事する人々が増えてくる。道具をつくったり、家をつくったり、あるいは服をつくったりする専門職ができる。

さらに、人口が増えれば居住する場所を確保するために、領土を拡張しなくてはならなくなる。領土を拡張しようとする中で、先に目的の土地に人が住んでいる場合は、その集団を押しのけなければならないので、武力が必要になる。そうやって農業社会は、だんだんと首長制をとるようになり、やがて君主制の国家になっていく。そしてここでも格差が生まれてしまう。所有を認める社会だから、権威者に食料や所有物が集まり、それを権威者の意向によって分配する社会が生まれる。その頃から、現代にも通じる悲劇が始まっているのだ。

共感力は、小規模な社会の場合、集団の内外に関係なく、お互いが助け合い、協力し合うことに役立っていた。ところが農耕牧畜で領土が生まれ、ずっとその中だけで暮らしていると、領土内に住む人々の間でしか共感が通じなくなる。さらに人数が増え、領土を広げようとなった際には、武力行使が必要だと考えるようになる。

共通の敵づくりに役に立ったのが言葉だ。言葉はアナロジーで、同じ人間なのに「こいつはキツネのようにずるいやつだ」とか、「コウモリのように卑怯なやつだ」という言い方をして、同じ人間であるはずの相手を、人間ではない生き物や、危険な外敵に仕立て上げることができる。戦時中の日本ではアメリカやイギリスを「鬼畜米英」と呼び、敵視した。そうすると、あいつなら殺してもいいとか、捕らえてもいい、奴隷にしてもいいという発想につながってしまう。社会を拡大し、争う相手を言葉で定義する人間による悲劇は、この頃から始まったのだ。

資本主義が生んだ悲劇

中東とヨーロッパの社会は、農耕だけではなくて牧畜社会でもある。キリスト教は農耕と牧畜の宗教だ。人間は家畜を使って自分たちだけでは耕せないような土地を開墾し、自分たちでは運べないような重たい荷物を運ばせた。そして、人間が食べられないような草を食べさせて、家畜の肉もお乳も皮も利用した。

西洋には人間と家畜の差別化が早い時期からあったとされている。その結果、人間を家畜と同じように扱う発想が出てきて、実際に奴隷が生まれてしまった。ギリシャ時代も、一般市民はわずかな人数で、そのわずかな市民を大勢の奴隷たちが支えていた。もちろん、エジプトなど西洋以外でも奴隷はいたが、この奴隷制は人類の大きな間違いだった。

しかし、人類には中南米や日本のように家畜をあまり持たない文明もある。日本では、家畜もいたが、肉もお乳も利用してこなかった。主に運搬用、あるいは農耕用に利用してきただけで、広大な牧場を経営することもなかった。日本の東北地方では、人間と同じ家の中で馬を飼っていたし、西洋と比べれば、家畜と人間の差別化をほとんどしてこなかったといえる。

食料を生産するという意味で、農耕牧畜は最初の大きな役割を果たした。

季節の移り変わりに従って収穫を管理しようとすると、まず農事暦ができる。一年を農耕の計画に合わせて区切り、計画通りにノルマをこなして安定した食料生産をしようとする。だから時間に合わせて人間の行動を区切り、機械的に働かせようとする。同じ人間の中にも格差をつくって、上級社会の支配層と下級社会の労働層ができる。

そのような仕組みを徹底したのが産業革命である。産業革命は、さらに自然の時間から工業的な時間を切り離して、生産工程を時間で計算し、その時間の中で人間をあてはめて管理した。そうして大都市が生まれていった。それまでの都市は、自然の営みと無関係にはつくられていなかった。ところが、近代、現代の大都市は自然と全く関係なくつくられている。工業都市は人工的な時間の流れと、管理された人間の労働力によって成り立っており、そこから都市と自然との遊離が始まったのだ。しかも人間をシステム的に管理する政治体制も生まれてしまう。現在の資本主義の失敗につながる大きな悲劇である。

音楽と言葉の合体

先に述べたダンバーによれば、現代人の脳の大きさは、一五〇人ぐらいの集団サイズに適したものだという。現代人が登場する二〇～三〇万年前には、脳はもうこの大きさになっていた。

興味深いことに、現代でも食料生産をせずに自然の恵みだけに頼って暮らしている狩猟採集民の村の平均サイズは一五〇人だという。ということは、七万年前に言葉が登場して、一万年前に農耕牧畜という食料生産が始まるまでの期間も、人間は一五〇人を単位として狩猟採集生活を送っていたと想像できる。

この一五〇人という数は、社会関係資本（ソーシャル・キャピタル）であると私は思う。何かトラブルに陥ったときに相談できる相手の数である。それは単に名前の羅列として記憶しているような関係性ではなく、過去に喜怒哀楽を共にしたり、スポーツや音楽などの共同活動を通して身体を共鳴させたりした仲間であり、それぞれの性格や価値観をある程度知っている間柄である。

意外なことに、この適正な集団数は、現代のようにネットを通じて人と人とが容易に接続できる時代になっても拡大してはいない。

私たち人間が持つ共感力は、これまで見てきたように、言葉が登場する以前に、音楽的コミュニケーションによって基礎がつくられた。言葉は世界を分かち、それぞれに意味を与え、仲間内で共有できる物語をもたらした。それは現代人であるホモ・サピエンスがアフリカ大陸を出て、地球のいたるところに進出する結果をもたらした。しかし、言葉はメリットもある一方で、人間同士の争いを激化させる結果も招いてしまった。

言葉は世界を分類する。ときに違うものの中に共通の要素を見出したり、同じはずのものを分けたりする。人間以外の霊長類も、同じ群れで暮らす仲間に共感し、外部の仲間と敵対する傾向はある。しかし、同じ種であれば、敵にも仲間にもなる存在だから、敵視したとしても、集団で大規模に殺し合うようなことはない。

しかし、言葉は人間の持つ攻撃性を高めてしまった。

社会の共感力を維持するには、それぞれが身体を共鳴させて心を一つにし、絆を強める必要がある。それが途絶えたり、マンネリ化したりすれば、仲間を思いやる気持ちが低下してしまう。そんなとき、共感力を高めるために共通の敵がつくられる。みんなの目が敵に注がれ、一斉に団結して排除しようとすることで仲間意識が高まるのだ。そんなときに多用されるのが、音楽に歌詞を付けて合唱することである。

音楽によって互いの壁を乗り越えて連携しようとする心に、言葉によって目的意識が付与され強化される。これまでの戦争を振り返っても、必ずといっていいほど軍歌がつくられ、合唱されてきたのはそのためだ。音楽と言葉の合体によって、人間がいかに理不尽な暴力に突き進んでしまうかを示している。

音楽的コミュニケーションは宗教にもみられる。

宗教は、それぞれに存在する小規模なコミュニティをつなぐ接着剤となった。キリスト教は各々の土地に根付いた文化をつなぎ、大集団になったし、イスラム教も同じ道を歩んだ。

宗教は音楽を多用するし、ほぼすべての宗教に音楽がある。神という目に見えない存在を前提にして、言葉という虚構によって違う文化をつなぎ、共通の目標にした。宗教は国家を成立させる前に、あるいは集団を大規模にする前に、文化をつなぐ役割を果たしてきた。元々、二足歩行から発達していった音楽は、人類を思いがけない方向へと導いたのである。

第二章

「神殿」から始まった定住

——死者を悼む心

火の周りで踊る人類

人類最初の神殿とされているのが、トルコ南東部で発掘されたギョベクリ・テペで、一万二〇〇〇年前に建立されたと考えられている。

また、小麦の栽培は、およそ一万年ほど前からとされており、もしかすると人間は、農耕よりも前に神殿をつくったのではないかという説がある。巨石建造物群として、世界遺産にも登録されているギョベクリ・テペは、最初の小麦の生産地のすぐ近くでもあって、人類の文化が生まれた「ゼロ・ポイント」と呼ばれている。

神殿は神が降りてくる大切な場所だ。人びとは立派な建物をつくるため、そこに通い、時間をかけて建立した。

人類が定住を選んだ理由としては、農耕牧畜以外に、この神殿の建立という要因もあったのだろう。なにしろ、小麦の栽培が確認されているのは、神殿からわずか三〇キロメートルの地点なのだ。小麦は種蒔きから収穫までに時間がかかる。もし神殿の建立に時間がかかるとなれば、その時間を利用して、小麦の栽培に取り組もうとなったのかもしれない。そう考えると、栽培によって定住が起こったと考えるよりも、むしろ神殿の建立が先だった可能性もありえる。

神という存在の誕生が、移動というこれまでの生活形態に影響を与え、人類を狩猟採集から農耕牧畜へと大きく変えていった。人類にとっては食料生産より神殿が大事だったのかもしれない。

トルコのギョベクリ・テペ（写真：Getty Images）

すでに書いたように、キリスト教は農耕の神様である。農耕牧畜が始まり、定住することによって、現代につながる宗教が生まれた。つまり、人類の中に、「神から与えられたもの」という意識・価値観が芽生えたのである。

ドイツでライオンマンという後期旧石器時代の象牙彫刻が発見されたことは序章でも触れたが、この頃からすでに、ライオンと人間が一体となったイメージが人類には芽生えている。こういったイメージを持つ際に、必要なものが言葉だ。そして、言葉の持つ最も重要な働きは比喩である。ある特定の動物や植物などのトーテムを中心として信仰するトーテミズムも一種の宗教で、自分の祖先はライオンだったとか、あるいはライオンに譬（たと）えられるような祖先がいた、という見立てをしている。

農耕牧畜が始まるよりずっと前に、ラスコーやアルタミラの洞窟壁画が現れているが、それらの壁画は、火を使って明かりを灯さなければ描けないような洞窟の奥のほうで描かれている。そこにはすでに宗教があったとしか思えない。なぜわざわざ暗い洞窟の中に、そんな絵を描く必要があったのか。火を灯し、絵を描いて一体何をしたかったのか。

そこに描かれた動物は、その場所にはいない。みんなの頭の中にあるイメージを共有し、絵として具現化することで、人類はパラレルワールドをつくったのだろう。

宗教は、パラレルワールドのように目に見えない別の場所の存在を示し、人びとの救いになったり、人びとに語りかけたりすることがある。だから預言者という存在を信者たちは受け入れる。おそらく現存する壁画たちは、シャーマンが洞窟の奥で火を焚きながら踊る様を効果的に見せるために描かれたものでもあったはずだ。

預言自体は、キリスト教が生まれる前からあった。「預言」というように、預言者は言葉によって未来の出来事を伝える。預言によって未来という虚構をつくりだし、宗教はより強固なものになっていった。

宗教には火が重要で、キリスト教の前身と言われる拝火教は、ニーチェの『ツァラトゥストラはかく語りき』のゾロアスター教のことだ。ゾロアスターはドイツ語読みすると

「ツァラトゥストラ」になる。宗教は、火の周りで踊ることから始まったのかもしれない。

踊るという行為を重要視する人は少ないが、直立二足歩行を始めた頃から人類は踊っていた。先にも触れたが、踊りは重要なコミュニケーションの手段であり、共感力を高めるためのものだった。

人類が日常的に火を使いだしたのは八〇万年前で、火に合わせて踊ることによって、自然に対する畏敬の念をさらに高めたはずだ。これが宗教の始まりかもしれない。その中で、言葉によってパラレルワールドという虚構が具現化するときに、神殿が必要となる。

神殿は神が降りてくる場所であると共に、あの世とこの世を結ぶ入り口でもあった。エジプトのピラミッドはそのことを現代に伝えている。ピラミッドの中に安置されたミイラは、再びこの世に戻ったときに肉体を使えるようにするためだ、という説もあるほどだ。

そう考えると、最初の神殿は、パラレルワールドを言葉によって構築し、それをみんなで共有し、現実の世界とつなぐことによって生まれたはずだ。結果として、神殿をつくるためには多くの人がそこに集まらなければいけなかった。一定の期間、同じ土地に住まなければ、みんなの力によって構築物はつくれない。小麦が育つまでの間は、おそらく食料を持ち寄り、居住する場所をつくって、食料がなくなればまた集めに行く作業を繰り返したに違いない。

　では小麦は何に使われたのか。

　当然、食べるためであったはずだが、ここに面白い説もある。じつは食べるためではなく、ビールをつくるためだったのではないかというのである。

　エジプトのピラミッドを想像してもらうとわかると思うが、大型重機などない時代のピラミッドづくりは、相当な苦役だったはずだ。だが建設された時代に奴隷制度はなかったとされている。古代エジプト王であるファラオが人びとに命じて建造物をつくらせたことは確かだが、人びとはどうやって掟に従って毎日毎日あれほどの苦役をしたのか。

　そこには何らかの報酬があったはずで、それがビールだったのでは、というのである。実際、ビールを醸造する高倉が港近くにあったことがわかっている。みんな酒を飲んで苦労を分かち合い、なんとか労働をこなしたのかもしれない。

宗教と酩酊

　お酒でいうと、例えばワインなら糖分があればできる。ワインは空中に浮かんでいる酵母を集めて、糖分を発酵させてつくるから、葡萄(ぶどう)があればいい。葡萄でなくとも、糖分を多く含んでいるサトウキビだってお酒はつくれる。だから、お酒は狩猟採集時代にもある程度あったのではないかと言われている。

だがこれには反論もある。現代に生きる狩猟採集民は、お酒を持っていないのだ。お酒が入ると途端に酔ってしまい、その隙に攻撃されて農耕民に支配されてしまう。北米大陸の先住民も、オーストラリアのアボリジニも、アフリカのブッシュマンやピグミーも、農耕民が持ち込んだお酒によって土地を奪われ、支配されるようになった。

お酒をつくるのは農耕民である。大量の農産物を使い、時間をかけて発酵させてアルコールづくりをする。発酵には場所も必要なため、狩猟採集民のように移動生活をしていては発酵ができないのだ。

ただ唯一、定住しなくても酒をつくれる場所に遭遇したことがある。アフリカのコンゴ河の支流にある河辺林でつくられているヤシ酒だ。

朝、舟に乗ってヤシの木を見つけたら、木に傷をつけ、その汁をヤシの根元に置いた瓢簞(ひょうたん)に溜めておく。夕方まで待って瓢簞を回収すると、もう立派な酒になっている。気温が高く酵母が活躍するから、アルコール度は高くないが、十分美味しいお酒だ。だがこれは例外であり、やはり狩猟採集時代にお酒はなかったと考えられる。

初期の宗教は、ある面では酩酊作用を利用したものだったかもしれない。だから、ヤシ酒などの天然のアルコールや、何らかの薬草などで、酩酊状態となり、火の周りで踊った場所から宗教が生まれていった可能性がある。だとすれば、最初はアニミズムだったかもしれない。人類は言葉によって比喩を使えるようになったから、本来は違うものを一緒にできる。そうすることで自分が変身できるような感覚を味わったのだろう。

現代でも、呪術師は、自らが変身してあの世に行ったり、あるいは死者の霊と一体化して死者の言葉を伝えたりする。そこには虚構の世界へのトリップと比喩がある。現実の生活にはない力を得ることができるのだ。

ときに酩酊と比喩は、冒険の動機になったのかもしれない。冒険によって新しい未来が開ける。好奇心が強い者は知らない世界へと飛び立ちたくなるが、いくら好奇心を燃やしても、やはり誰だって恐怖は先に立つ。目の前にある大きな川を渡らなくてはいけない、あの山を越えて向こう側に行かなくてはいけない。そのような困難を成し遂げるためには、現実にはない力を得るなんらかの装置がなくてはならないだろう。その装置の役割を宗教が果たしたと考えられないだろうか。神殿があれば、そこへ行くことによって、あるいはそこへ行って火を焚いて踊ることによって、普段では持てない力を獲得する。そして恐怖を打ち破り、新しい土地へと旅立っていく。旅に出て、獲物を持ち帰る、あるいは土地を探して移住先を見つける。そういうことが起こるようになり、人類は徐々に、やがて急速に発展したのだ。

肉体は滅びても魂は生きている

宗教の根本には死がある。

人は死んでも死なない。肉体は滅びても魂は生きているし、あの世があると考える。だから、死者を悼むことと死体を丁重に弔うことはつながっている。しかし、狩猟採集民は今もお墓をつくらない。かつて、死者を弔うことと墓をつくることは同じではなかった。

七万年前、ネアンデルタール人の骨の近くに、ノボロギクなど三種類ほどの花粉が散らばっているのが見つかり、花を手向けたのだろうと考えられたが、事実はよくわかっていない。ネズミが運んだのかもしれないという説もある。

死者の扱い方は現代でも様々である。鳥に死体を食べさせる鳥葬や、あるいは川に流すこともある。日本では九割以上が火葬だが、アメリカでは土葬するケースが多い。

ただ、埋葬方法が多種多様であっても、死者が魂として生きている、あるいは姿を変えてどこかで生きているという思いは、どの国や地域の人たちも持っている。
死者が自分たちの目に見えない場所に行ってしまったという感情は、見えないものを想像するという作用によって生まれた考え方でもある。今、見ている世界とは別の世界があり、それはこの世と切り離されていて、目には決して映らないけれど、身近にあるはずだと。

このような考え方は、言葉によってつくり出された虚構と言えるだろう。そしてこの虚構は、先の酩酊という作用によって広がり、共有されたのだろう。死をゴールにして、人びとの生活がつくり直されるようになったのだ。

動物の場合、死を起点にして生きることは絶対にない。死は結果であって、原因ではないからだ。しかし、人間は言葉によって因果関係を生み出し、死というものを起点にして、様々なことを考えるようになった。人は死ぬのだから、限りある人生をこんなふうに生きよう、あるいは死の危険があるからこういうことは避けよう、というように、死というものを意識するようになった。これはまさに人間的な思考方法で、このような死の存在にも宗教が関わっている。

ゾウは自分の仲間が死んだ後、死体を触りにくる行為が知られている。これは死を意識しているというより、仲間に対する愛着が残存していると考えるほうが自然だろう。ゴリラも仲間が死んだ後、繰り返し死体に触りにやってくることがある。しかし、これらの動物の行為は、人間の死に対する意識とはまったく違う。

死体は物体である。だがそこには目に見えない魂があって、それはどこかを浮遊して別のものに生まれ変わる、あるいはあの世に行って何らかの形で生きている、という感覚。これが宗教の起源として、人類に共通している部分なのだ。

心が文化を生み、社会をつくった

宗教は人間の心がつくり出したもので、心自体は目に見えない。同じように社会も目には見えない。心は個人に属し、社会は集団に属するが、心と社会は切っても切れないつながりがある。心は社会に強く影響されるし、社会は心を映し出す鏡でもある。心と社会は行為によってつながり、行為が集団の共有する価値観となれば、それが文化になる。

しかし、行為は一過性のものだから、その場に参加した者が体験するか目撃するしかなかった。現代であれば、写真や映像で簡単に後世に伝えられるが、言葉のない時代にどうやって行為の意図や計画性を、第三者に伝えられたのか。おそらくそれが道具であったはずで、道具は文化発祥の原点と呼ばれている。

　長い期間、欧米を中心に、社会や文化は言葉を持つ人間だけのものだと考えられてきた。それに対し異を唱えたのが、今では日本の霊長類研究の創始者として知られる今西錦司だ。今西は、一九四一年に刊行した『生物の世界』において、すべての生物は社会を持つと宣言した。

　その考えを証明するために動物社会学をつくり、一九五一年には、系統的に人間に近いサルや類人猿の研究をする霊長類研究グループを結成した。その試みは着実に成果を出す。今西の弟子で、私の恩師でもある伊谷純一郎が、大分県にある高崎山のサルを餌付けし、個体を識別して名前を付け、社会交渉を調べた。その結果、ニホンザルが見事な社会構造を持つことを証明したのだ。サルたちは互いの優劣や血縁関係を認知し、それらを基にして集団秩序を構築していた。

　さらに、宮崎県の沖合にある幸島（こうじま）では、砂浜に撒いたサツマイモを一頭のメスの子ザルがつかみ、海水につけて砂を落としたあとに食べ始めた。それまでサルの中でイモ洗い行動は全く見られなかったのだが、この新しい行為が次第に群れの仲間に伝わった様を見て、今西やその弟子である河合雅雄は、前文化的な行動と考えた。そして、文化について「遺伝によらずに伝承される社会に影響を与える行動様式」と定義した。

しかしその後に、本当にこの現象が文化的と見なせるかどうかで判断が分かれた。イモ洗い行動はまず同年代のサルに広がり、次に上の世代にまで広がるのだが、サルの群れ全体に広がるまでに、約四年もかかったところが問題視されたのだ。

イタリアの霊長類学者エリザベート・ビザルベルギは、ローマ動物園に幸島と同じような砂浜をつくった上で、日本から連れてきたニホンザルを放してイモを与えた。すると、サルたちがイモを海水で洗って食べるようになったことから、サルたちは観察してイモ洗いという行為を真似したわけではなく、イモについた砂を落とすという目的を持ち、個々が試行錯誤したのではないかというのだ。この例からもわかる通り、行為だけを取り出すと、意図や計画性がどのように仲間へ伝わったかがわかりにくい。

イモを洗うニホンザル（撮影：山口直嗣）

その後、一九六〇年代になり、イギリス人の動物行動学者ジェーン・グドールは、アフリカのタンザニアで、野生のチンパンジーがつる性の道具を使い、シロアリ塚にいるシロアリを釣り上げて食べることを発見した。この発見により、人間以外の動物も文化を持ち得ることが明らかになった。木のつるは、チンパンジーによって、つるとしての属性以外の新たな機能を付与されて使用されたのだ。そこに意図も計画性もあったことは、群れの仲間が同じように道具を用いていたことにより明らかになった。グドールの指導者だった先史人類学者のルイス・リーキーはその報告を聞き、「もはや道具か人間の定義を変えねばならない」と語ったそうだ。

その後の調査で、アフリカに生息するチンパンジーは、地域によって、棒を使ってシロアリを採集したり、石や木で堅いナッツを割ったり、葉を重ねて座布団にしたり、葉を木の穴に入れて溜まった水を吸い出したりするなど、様々な道具を使用していることがわかってきた。そこからチンパンジーは、地域ごとに異なる文化圏を持っていると見なされるようになった。

その後、オランウータンも道具を使うことがわかった。オランウータンは樹の上で生活するが、片手で木を摑んでぶら下がり、もう一方の手と口で小枝を器用に使用し、堅い殻の中にある果肉を取り出すのだ。

野生のゴリラはあまり道具を使わないが、動物園にいるゴリラは道具を器用に使うし、自分にできないことがあれば、別の仲間や人間にやらせようとすることもある。ゴリラは道具的な知恵よりも、他者を使う社会的な知恵を発達させているのかもしれない。

チンパンジーやオランウータンの事例を見てもわかる通り、類人猿は道具を使用する中で文化的な能力を発揮している。ということは、七〇〇万年前に類人猿との共通祖先から分かれた人類の祖先たちも、恐らく道具を使用して生活していた可能性が高い。

ただ残念なことに、木製の道具は化石として残りにくい。道具が化石として最初に現れるのは二六〇万年前のタンザニアのオルドバイ渓谷の地層で、ここで見つかったのは大きな石を割ってできた破片だ。この破片の尖った部分を使用して、肉食獣が食べ残した獲物から肉を切り取ったり、骨を割って骨髄を取り出したりして食べたと考えられている。骨髄はやわらかいため、加工しなくても食べられるのだ。

この最古の石器はオルドワン石器と呼ばれているのだが、石から使いやすいサイズの破片をつくるのは案外難しい。石を別の石などに向かって正確にぶつけなければ使える破片は取れないのだ。石をしっかりと摑むためには、親指が大きく、他の指としっかり対向していなければならない。類人猿の親指は短かったため、石を強く握るのは不可能だ。そのため、この石器をつくったと思われる人類の化石が見つかったとき、推定される脳の容量は六〇〇ccほどで、ゴリラより一〇〇ccほど大きかっただけなのに、親指のサイズと他の指との対向性から、先史人類学者のリーキーはホモ・ハビリス（器用な人）と名付けて、初めてホモ属の仲間入りをさせた。

このオルドワン石器だが、長い期間、形が変わることはなく、美的な感覚があったとは思えない。ただ、次に登場するホモ・エレクトスになると、形が洗練されて、手でしっかりと握って作業できる効果的な形状の石器に変わる。

代表的なものが、ハンドアックス（握斧）と呼ばれる、左右対称形の大型の石器だ。そもそも左右対称で大きな石器をつくるためには、まず完成形を想像し、適した石を選び、石を丁寧に打ちおろしていかなければいけない。時代を経るごとに涙のような形をした石器も見つかっており、そこには美的なセンスや知性が感じられる。中には使用した形跡のない石器もあることから、象徴物として扱われた可能性もある。

シンボルと道具、芸術、そして言葉が生まれた

石器の芸術性が高まっている時期に、集団の規模も拡大し、脳の容量も増加している。仲間の数が増えて、その仲間同士の社会関係を記憶するために社会脳として発達した、と

いうのがこれまでに紹介したダンバーの仮説だが、道具の発達と脳のサイズの変化にも何らかの関係があるのは間違いないだろう。

ホモ・エレクトスは一八〇万年ほど前に誕生し、その後、初めてアフリカ大陸からユーラシアへと進出した人類だ。インドネシアのジャワ島や中国などで化石が見つかっており、多様な環境へ踏み出していったことがわかる。これまでとは全く違う土地へ移り住む中で、道具を使って環境に適応し、さらに道具を洗練させていったのであれば、そこには現在にも通じるような社会的な知性があったはずだ。道具は本来の機能だけではなく、自分の価値を示すことに使ったり、別の道具や食物との交換に使ったりした可能性もあるだろう。ホモ・エレクトスは、家族と複数の家族を含む共同体という重層構造の社会をつくっていたと推定されるので、家族の中での自分や、家族以外の集団の中での自分など、複数の人格を使い分ける必要があったはずだ。道具も集団内の位置づけや役割の一端を担ったのだろう。

またトルコの辺りでは、障害のある仲間が長く生き延びた証拠も見つかっており、シンパシーやエンパシーといった感情もその頃には芽生え始めていた可能性がある。

人間の認知能力とコミュニケーションは、インデックス（指標）→アイコン（類像）→

シンボル（象徴）へと進化したと考えられている。

具体的に説明すると、インデックスは、例えば私がゴリラを探そうとする際に手がかりとして利用する足跡や、食事の跡や、糞など、直接その対象と結び付くサインである。これは類人猿もある程度理解して使用していたと思われる。

アイコンは、対象と直接結び付かなくても、対象を示す記号となるサインのことで、抽象度がインデックスよりも少し上がる。類人猿の道具がアイコンになるかどうかは判断が分かれるが、道具が本来の機能だけで使用されていたとすると、アイコンとして不十分だ。ホモ・エレクトスでいえば、未使用のものや形状の美しいハンドアックスは、アイコンだった可能性が高いだろう。

アイコンの場合、集団のメンバーが記号という概念を理解し、意味を共有している必要があるが、シンボルになると、特定の集団を超え、広く共有される必要がある。例えば、かつてタカラガイなどの貝殻が通貨として使用されたことはよく知られているが、集団間で同じ価値が合意されていなければ、通貨として利用できない。またライオンやホラアナグマなどのトーテムが集団のシンボルとして使用されたように、集団の違いを示すこともある。

南アフリカにあるブロンボス洞窟は、七万五〇〇〇年ほど前に塞がれてしまった状態で見つかった。そこでは赤い粘土の塊に抽象的な模様が描かれており、人類最古の模様と考えられている。その近くで様々な道具も見つかっており、最古の絵の具工房が存在した証拠と見られている。これもシンボルの一種だろう。

人類は、七万年から一〇万年前に現代人のような言葉を話し始めたと推定されているが、シンボルはこの言葉の出現とともに現れたと思われる。別々のものを同じようなものとして分類する「比喩」と、現象を抽象化して伝える能力を言葉は持つからである。

言葉そのものもシンボルの一つだ。シンボルは社会と文化の進化によって多様になっていった。まず道具が精巧になり、本来の用途から美的な象徴物へと変化する。社会は規模を拡大する中で多層構造を持つようになり、それぞれのグループが各々の役割を認識する社会的知能が発達した。

現代人は、類人猿より二段階ほど上の認知能力を持っているが、これは映画やドラマを見て、解釈する能力につながる。他人同士の会話やちょっとした表情の変化などを見て、他者の内面や考えを推測できる能力だ。日常の中でも、抽象化の度合いを上げて何らかのシンボルによって表現されれば、解釈や推測が容易になる。必ずしも言葉でなくてもよく、ジェスチャーや図形、音楽であったかもしれない。

人類は関わりあう集団の数が増え、社会が複雑化していく中で、様々なシンボルで周囲を飾り、そこに意味を与え始めた。様々な意味を持つようになった道具は、従来の機能に加えて計画性を未来に伝える。シンボルは物語る環境を人類に与えたのだ。それは、人類が共感力をどんどんと発達させ、他者や動物や物に憑依（ひょうい）する能力を高めた結果でもあった。

言葉はそういった能力の上に登場した。シンボルの中でも最も抽象化の進んだもので、時空を超えて体験を再現し、伝承できる能力がある。言葉の登場によって芸術的な作品が急増したのも当然だろう。芸術が一般化し、進化するためには、自己主張する能力とそれを受け入れる大きな集団社会、高い共感力に基づいて何かに同化したいという願望、人や物に憑依する能力、世界を解釈したり無から創造したりする能力が必要である。そのためには、仲間との間で継続的に密なコミュニケーションが取れる定住生活という環境が大きく寄与する。シンボルと芸術によってシナジー効果が生まれ、その土地ならではの自然とも合わさり、地域に根差した文化が生まれたのだ。

単なる道具が芸術や文化へ発展し、集団の共有する価値観や使命に対する意識が強まる。その意識が行動を組織化して、社会的役割を構造化したのだろう。言葉は集団の構造や組織を規定し共有する機能を果たした。小規模な社会とその文化をつないで社会の規模を徐々に拡大し、複雑化していった。

現在のような社会へと加速させたのは言葉だが、そもそもの起源を辿(たど)れば、言葉のない社会があり、それでも人間社会の基本的な機能は十分に成立していたことは覚えておくべきだろう。

第三章

人類は森の生活を忘れない

――狩猟採集民という本能

森を追い出された人類

人類は七〇〇万年前の出現以来、そのほとんどで遊動生活をしていた。最初の祖先は、ゴリラやチンパンジーとあまり変わらない生活をしていたと考えられている。熱帯雨林の中を小集団で遊動しながら暮らしていたはずだ。その構成はまだ明らかになっていないが、ゴリラやチンパンジーは今も小集団で行動しているため、人類も同じだったはずである。

だが、ゴリラやチンパンジーと違い、人類はすでに七〇〇万年前に直立して二足で歩き始めていた。エネルギー効率の良い歩行で長距離を歩き、やがてサバンナへと出て行った。では、そもそも人類は、なぜサバンナへ出て行ったのか。

人類の祖先もゴリラの祖先もチンパンジーの祖先も、同じ熱帯雨林で暮らしていた。だが、気候変動がたび重なり、生存上の選択をせざるを得なくなったことが一番の理由だろう。

ゴリラは、気候変動で熱帯森林がどんどん縮小していく中でも森から出ず、小さな森林に閉じこもるか、チンパンジーが生息できないような高い山に住む選択をした。高山は寒冷だが植物は生えている。食料は豊富にあるのだが、フルーツは育ちにくいため、地面に生える草を食べて暮らした。そうやってゴリラは、新たな食性を身に付けたのだ。

チンパンジーは森が狭まる中で、移動距離を延ばす選択をした。断片化した森林を渡り歩き、フルーツを探す方策を講じた。そして少しだけサバンナにも出た。

人類は森の中で、ゴリラやチンパンジーの祖先たちと食物や寝場所をめぐって競合し、だんだん居場所を失っていった。あくまで生き延びるための選択として森を出たのだが、その頃の人類は、好奇心という行動の源泉をすでに獲得していたのかもしれない。

人類はサバンナで、新しい食物資源を手に入れ、森に戻らなくて済むようになった。森にいた時代に始めた直立二足歩行が徐々に完成され、長距離を歩けるようになっていったのだ。

四五〇万年前のアルディピテクス・ラミダスは、数多くの化石が発掘され、一番よく復元されている原始人類だが、足はまだ把握能力を若干残していて、木登りも上手かったと考えられる。恐らく樹上と地上の両方で暮らしていたはずだ。

しかし三五〇万年前のアウストラロピテクスになると、しっかりと土踏まずがある立派な足になっている。もう足で木を摑めないから、木登りは下手になり、地上を歩いて採れる範囲で食物を探し歩いたに違いない。そうやって人類はサバンナに適応していき、一八〇万年前頃に、ついに祖先はアフリカ大陸を出る。アフリカ大陸を出るためには広大なサバンナを越えていかなければならないから、その頃には直立二足歩行は完成している。そして同時に、サバンナで生き延びるための共感力を備えた強い社会をつくりあげていたのだ。

人類が海を渡るのは、ずっと後だ。川を渡るのもかなり後で、水をとても恐れていた。チンパンジーやゴリラは未だに川に入らない。腰ぐらいまでなら浸かることもあるが、泳ぐことはない。人類にとっても川はやはり危険で、とくに熱帯雨林の中にある川にはワニが潜んでいる危険性があり、川のそばで暮らすことはあり得なかった。川沿いにある植物は食べていたかもしれないが、魚も貝も食べていなかったのではないか。

海辺に住み始めたのは、南アフリカの突端にある、七万五〇〇〇年前のブロンボス洞窟が最初ではないかといわれている。また湖の近くには住んでいた形跡がある。実際にケニアの湖の近くではホモ・エレクトスの化石が出ているからだ。

川は怖いが、水なしでは生きていけないから、飲みには行ったはずだ。サバンナに住んでいれば、水は不足する。水辺はとても貴重な場所だったに違いない。ただ水辺にはワニだけでなく、カバもいればバッファローやゾウもいる。獲物を狙うライオンやヒョウもやってくる。水辺がとても危険な場所だったことは間違いない。

さらに水辺から遠くに住んでいると、水を運ぶ容器が必要になる。最初の容器はダチョウの卵の欠片（かけら）だったといわれているが、使用はホモ・サピエンスになってからであろう。人類が肉を食べていた証拠は、二六〇万年前にさかのぼるのだが、捕らえた動物の死体には胃袋がある。そこから袋の中に物が詰まっているというイメージを持てたはずだが、袋を使い始めるのはずっと後のことだ。だから近場ならともかく、水を遠くまで運べなかったと考えられる。ワニのいない小さな池や湖、小川を渡り歩いていたのだろう。

ネアンデルタール人はなぜ滅びたのか

熱帯雨林から移動をはじめた頃の人類の行動範囲は、今のグローバルな時代と比べ、まだ広くはなかった。だが狭い場所で皆が交流し合っていたことは確かだ。

さらにホモ・サピエンスが登場して言葉が生まれ、交流は深まったはずだ。ネアンデルタール人は三万年前までヨーロッパで生き延びていたが、ヨーロッパに進出したホモ・サピエンスによって駆逐された。駆逐といっても、戦争によって滅ぼされたわけではない。一番大きな原因はホモ・サピエンスが喋るような言葉をネアンデルタール人が喋れなかったことだ。

会話ができたことによって一体どのような違いが生まれたのか。恐らく自分が経験していないことを他人の言葉によって伝えられるネットワークができたことが大きかったのだろう。会話によって、自分では見ていないものをあたかも見たかのように実感できる。そうやって人と人、やがて集団同士がつながれるようになった。

また言葉によって計画性も生まれた。言葉がないと計画は立てられない。例えば、数日のうちにこの山の上で落ち合おう、というような約束は、言葉を持っていない時代にはできなかった。

ネアンデルタール人は、おそらく一〇数人から三〇人程度の小集団で暮らしていたのではないか。閉鎖的で、集団間の交流もなかったと思われる。しかしホモ・サピエンスは頻繁に交流した。これらによって、ネアンデルタール人が徐々に劣勢になっていった。

狩猟効率も随分と違った。オーロックスという今は絶滅してしまった野生の牛を崖まで追い込んで、落下させる集団狩猟がホモ・サピエンスには可能だったが、ネアンデルタール人は計画もなしに頑丈な身体で立ち向かうしかなく、狩りのたびに犠牲が発生しやすかった。

人口増加率も違ったはずだ。ヨーロッパの冬は厳しい。冬場を生き延びるためには食料を確保しなければならないが、簡単なことではない。幼児死亡率も高まり、流産も増える。こうした差が合わされば、結果的に大きな差になって現れてくる。一万年の間にネアンデルタール人がいた場所は、全てホモ・サピエンスによって占拠されてしまった。一万年と聞くと長いように感じるが、徐々にネアンデルタール人は追いつめられていき、ついにはポルトガルの突端の海辺で最後の一人が死んだといわれている。

所有のない、平等な遊動生活

もう一つ、類人猿と人間の違いは、手が自由になったことである。

直立二足歩行は敏捷性に劣るし、木登りにも適さない。足で地面を踏んで歩くから、足の形が変わり、ゴリラやチンパンジーのように足で木を摑めなくなった。人類が速力や樹上生活を犠牲にしてまで、直立二足歩行を選んだのは、先に紹介したように長距離を歩くためのエネルギー効率に加え、手の活用法を発見したからだ。

自由になった手で何をしたのかといえば、食物を運んだのである。その頃の人類は、まだ道具をつくっていない。しかも、サバンナには木が少ない。地上の大型肉食動物に襲われないよう、身重な女性や小さな子どもを安全な場所に隠し、屈強な者が遠くへ出かけて行って食物を探して採集する。それを手で持って、安全な場所に隠れている仲間のところへ持って帰り、分配して一緒に食べたに違いない。これが人間的な食事を伴う遊動生活の始まりである。定住はせず、安全な場所を転々としながら食物を探して歩くスタイルを長く続けたと考えられている。

遊動生活の利点は先にも書いた通り、所有という概念が必要なかったことだが、加えて、何かトラブルがあった際にも有効だ。定住生活の場合は、トラブルを起こした双方が共存できるようなルールを考えなければならなくなる。しかし遊動生活では双方が離れてしまえば解決するので、共存するための細かなルールを考案する必要がない。

狩猟採集民には権威者もリーダーもいない。形式上のリーダーは置いても、生活は対等に運営されるのだ。

人類はこの対等かつ平等な遊動生活を、七〇〇万年近く続けてきた。そのマインドは、実は現代に生きる我々にも備わっている。数人が集まって「さあ、一緒に食事をしよう」となったとき、食卓の上にある食物を一人で独占しようと考える人は現代でもいないだろう。例えば、ホールケーキを切ってみんなで分配しようとする際は、等分に切ろうとするはずだ。

食事における分配と共食は、人間関係の最も基本的なことなので、私たちはこうした行為を当たり前のようにやっている。鍋やすき焼きを囲んでも上手に分配、共食している。今でも遊動生活時代の精神は消えていないのである。

このように、徹底的に平等だった人類だが、定住を始めてから土地に固執するようになった。また所有の有無が人の価値を決める指標になってしまった。人類にとって本来持ち合わせていなかった感覚が、現代の人間を支配するようになったのだ。

しかし、現代人の所有と土地に対する執着は、少しずつ薄れ始めているのではないか。

ヴァーチャルな縁で動く時代

今後、「第二の遊動」時代が到来すると私は考えている。

皮肉に感じるかもしれないが、人類に文明生活をもたらした科学技術のさらなる進展が、遊動の感覚や生活を甦(よみがえ)らせてくれているのだ。

今、交通手段の発展により、安価にいくらでも遠くへ行けるようになった。例えば東京から沖縄まで飛行機の往復が数千円で可能なこともある。グローバルな時代とは誰もが自由に移動できる時代で、国境を越えることにも昔ほどの制約はなくなった。入国にビザが要らない国もたくさんある。移動が自由になったことで個人を縛る縁がきわめて薄くなっているのだ。

今は、人をある場所に引き止めておく縁、日本社会でいえば地縁、血縁、社縁がなくなりつつある。日本は明治以来、富国強兵政策によって農家の次男、三男が都会に招集され、様々な職業に就いた。しかしその子孫もすでに四世代目となっている。かつて地方から東京や大阪などの大都市に移住してきた人たちやその子孫にとって、曾祖父母の土地は故郷とはいえなくなっているはずだ。だが東京や大阪が自分の故郷かと問われると、それも違うと感じるだろう。現代人の多くは、故郷を持っていないと実感するケースが増えたのではないか。

これは血縁においても同様である。冠婚葬祭にたくさんの親族が参加することもなくなった。盆暮正月は家族で集まっても、血縁親族が一堂に会して儀式を行うケースは少なくなっているだろう。そうなると、親族同士が助け合う機会も減ってくる。つまり血縁も薄れてきているのだ。墓じまいをして永代供養をする人も増えているし、少子化の時代に、この流れはさらに加速するだろう。

社縁も同様だ。戦後の日本の会社は終身雇用、年功序列で従業員は守られてきた。会社に一生を捧げるという感覚が制度的に担保されていたのだ。しかし今や、非正規雇用が四〇パーセントを超える時代である。新入社員の三割は三年程度で辞めているし、電車に乗れば転職サイトの広告だらけだ。一つの会社にこだわらない働き方が普通になってきている。

人をつなぎ止めていた縁がどんどん消失し、ヴァーチャルな縁で動く時代になった。ネット上の情報や、ネットで知り合った人たちと仲間になり、いろいろなところに出かけていくという時代なのである。

昭和の頃は、親から独立して自分の家を建てる、あるいは自分の車を持つことが若者の夢だった。しかし今、そんな夢を持つ若者はほとんどいない。日本人全体の賃金が低下していることもあるが、それに加えて借家、借り住まいで暮らし、状況が変われば新しい土地で借家住まいをして、渡り歩いて生活するほうが気楽で楽しい、と考える人たちも増えた。所有に対する欲望もどんどんと薄まってきている。

人類は生活を農耕牧畜に切り替え、定住生活をスタートしてから、定住先で自分の所有物を貯めることによって、自分の価値を高めていった。その生活が一万年近く続いていた。

高価な首飾りをしたり、高級な外車を乗りまわしたり、高価なブランドものの服を着たり、高級レストランで食事をしたりする、そういう行為が社会的地位を表すと考えられていた。

だが今は、新型コロナウイルスによるパンデミックというインパクトのある体験も経て、そのような感覚が急速に低下したように感じる。装飾品で自分を飾ることが自分の社会的地位を表すものではなくなりつつある。

今やFacebookやInstagramに載せる情報は、自分は何をした、何を見た、何を経験した、という行為そのものなのである。それにみんなが「いいね」をする時代で、所有物がその人の価値を表すのではなく、その人の行為が価値を表す時代になってきた。

これが「第二の遊動」時代の変化なのだ。かつてのように、移動が当たり前で、所有や縄張りという概念がなかった時代に、現代人は非常に近づいてきている。

自由を取り戻し始めた人類

かつて人類は、自然の恵みだけに頼って暮らしていた。

生産しないので、絶えず移動しなければ食物は得られなかった。それが七〇〇万年近く続いた遊動生活だが、現代では食料はいつでもどこでも手に入るし、移動も容易になった。

一つの場所に留まる必要もないから、移動に対する制約や考えが違う。定着しなくてもいいという環境が、今の移動生活のモチベーションの一つになっている。

定住生活は、たくさんの人と共同で生活することで成り立つものだ。集団のルールを守り、そのしがらみの中で暮らすしかなかった。

人間の社会には三つの自由がある。動く自由、集まる自由、対話する自由だ。これは人類が第一の遊動生活の中で得てきたものである。これらの自由を制限することによって、定住社会の文明は成り立ってきた。そして、第二の遊動生活において、この三つの自由を取り戻せる環境が生まれ始めている。

現代は個人の自由な意思で動き、移動できる時代だ。しかし、政治情勢や治安の悪化によって大量に移民や難民が生じている現実がある。これは本来の遊動生活ではない。

支配は人の動きを止めることによって成り立つ。ドイツの首相を務めていたメルケルは、新型コロナウイルスによるパンデミックの際、イースター休暇の旅行を一度は禁止したが、国民の猛反発を受けて約三〇時間後には撤回して謝罪した。彼女は東ドイツ出身で、移動を制限されることが、いかに人びとにつらい思いをさせるかを理解していたから、すぐに決定を覆したのだろう。本来、権力による移動制限の強制は避けるべきもので、現代の遊動生活は個人の自由が最大限尊重されなければならない。

これからの時代は、移動がもっと盛んになるはずだ。関係性が固定した集団の中にいると、人はだんだんと閉塞を感じ、外部に対する敵意を強める。だが、外部の様々な人と交流していると、閉塞感を持ちづらく、また平等意識も高まっていく。肌の色や話す言葉や文化の違いをお互いが認識していけば、差別も減っていくはずだ。軋轢も簡単にゼロにはならないだろうが、交流を増やすことによって、いつか人類は姿形の違いを乗り越え、文化の違いも乗り越えられるはずだ。一緒に食事やスポーツをすることによって、お互いの共有意識が高まっていく。混じり合うこと、移動することによって、平和で平等な社会は可能になる。

ジャングルというコモンズ

私は修士課程でニホンザルの研究をした後、博士課程に進んだ際に、指導教員だった伊谷純一郎先生にゴリラの研究を勧められた。本格的な調査を提案されたのが一九七八年のことで、それから私は四〇年余りにわたって、アフリカのジャングルで、ゴリラ調査に没頭してきた。

　ジャングルは、地球の陸上で最も生物多様性の高い場所だ。様々な木々が生い茂る森の中では、多種多様な植物や動物が暮らしている。豊かな森と水によって、生物に必要な養分が大量に供給され、多様な生物が共存できる様々な生活環境が備わっている。そして多様な生物が均衡を保ち、一つの生物が優先しないように互いを牽制し合っている。多様であるからこそ、どれか一つの生物に不具合が生じても、他の生物が補完し、生態系は安定を保てるようになっている。植物は光合成によって太陽の光をエネルギーに変え、水分とともに地中の栄養分を吸収してぐんぐんと成長する。花や果実には虫や鳥が群がり、その虫や鳥を捕食する動物がやってくることで食物連鎖が成立し、植物や動物の遺骸はミミズなどに分解されて豊かな土壌の一部となる。

　熱帯雨林には、動物に種子を運んでもらうように進化した樹木が多い。親木の下の土壌は痩せていて、日光が届きにくいため、発芽しにくい。樹木としては、別の土地に種子を運んでもらう必要が生じる。果肉は動物が好んで食べて遠くに運んでもらえるように甘くなり、種子は果肉から離れにくくなっている。ゴリラは果肉といっしょに種子を飲み込み、遠く離れた場所で休息し、大量の糞をする。ゴリラが休息するのは、倒木などによって樹冠に穴があいた日当たりの良い場所が多く、動物がよく糞をすることで土壌も肥えている。

その新たな土地で糞と共に排出された種子が発芽していくという、見事な連鎖が成立しているのだ。ジャングルで暮らしていた頃の人間の祖先もまた、そのような生態系の一部として暮らしていた。

現在、地球上でジャングルと呼ばれる熱帯雨林は大きく分けて三か所ある。

南米のアマゾン川流域、南アジアの半島や島嶼(とうしょ)地域、アフリカのコンゴ盆地だ。この中で、現在でも類人猿が生息しているのはアジアとアフリカで、人間に最も近いゴリラとチンパンジーはアフリカだけに生息している。もともと中南米に霊長類は存在していなかったが、今ではサルが生息している。かつて、アフリカから流木などに乗って流れ着き、アマゾンの浸水林に適応したと思われる。アマゾンでは雨季になると森林が水浸しになるから地上を歩くサルは進化できずに、樹上生活だけに適応し、大型の類人猿が登場することもなかったのだろう。

地球では五五〇〇万年前に急激な温暖化が発生したと考えられている。そして今より温暖な気候に覆われていた二〇〇〇万年以上前に、類人猿の祖先はユーラシア大陸へと拡散していった。私たちにも馴染み深いオランウータンやテナガザルはその子孫である。しかし、やがて寒冷・乾燥の気候によって森が断片化していき、現在では、テナガザルは東南アジアのジャングルに、オランウータンはボルネオ島とスマトラ島だけに生息している。これらの森にはトラなどの強力な肉食獣がいたため、オランウータンやテナガザルたちは樹上だけの生活に特化するようになった。

一方、アフリカ大陸でも寒冷・乾燥の気候によって森が小さくなり、砂漠が広がった。さらに、一〇〇〇万年前ごろから南北七〇〇〇キロメートルに及ぶ大地溝帯が形成され東部に台地ができ、西から来る偏西風を中央部の山脈が遮って東部に乾燥した草原がつくられた。ゾウ、キリン、バッファローなどの森林動物は、狭くなった森を出て、サバンナへ進出し大型化する。すると今度はこの動物たちを狙って、今より大型だったライオンやハイエナ、今では絶滅したがサーベルタイガーなどが草原を支配するようになり、サバンナは大型動物たちの場所になった。しかし、大地溝帯の西側のジャングルにはヒョウ以外の大型肉食動物は侵入しなかったため、ゴリラやチンパンジーなど森の中で大型化した類人猿は、地上を歩き回るようになる。

人間の祖先は七〇〇万年前にこれらの類人猿の祖先から分かれ、しだいにジャングルからサバンナへと進出した。ジャングルを離れた理由としては、森が小さくなりゴリラやチンパンジーとの競合があった可能性をすでに指摘した。しかし、なぜ危険なはずのサバンナで生き延びられたのかなど、人類のサバンナ進出について、まだたくさんの解明されていない疑問が残っている。その秘密を解く鍵は、現代の人間、すなわち私たちの体と心のどこかに宿っているはずだ。

ジャングルはすべての生物にとってのコモンズである。コモンズとは「共有財」という意味で、誰もが平等に利用できる資産のことだ。ジャングルには多種多様な生物が共存し、それぞれの種がその特徴に応じてジャングルを利用し、調和関係を保って生きている。このジャングルの生態系こそが、コモンズの原型だと思うのだが、現代人はその記憶を忘れかけているのではないか。

生態系から切り離される文明

狩猟採集生活をしていた頃の人間の身体は、他の動物と同じように、移動する土地ごとの資源でつくられていた。人間の数も、利用する資源の量も、自然の閾値(いきち)を超えることはなかった。

人類が農耕牧畜を始めた頃、地球上の人口はわずか五〇〇万人ぐらいだったと推測されている。しかし、そこから人類は自らの手で食料を増産し、貯蔵し、どんどんと人口を増やしていった。効率の良い収穫のための知識を増やし、肥料を改良するなどして生産量を増やす。さらに交易を通じて他の地方と食料を交換するようになり、ついには自然界にはない食料すらも生産できるようになった。今となっては、全世界で八〇億という途方もない数にまで人口を増大した。

その結果、コモンズという重要な概念は、土地と切り離されるようになってしまった。それぞれの土地の自然環境に適応しようとする意識は薄れ、どこも同じような環境を整えようとした。世界の熱帯雨林はどんどん牧草地や畑に変わり、野生動物の生息する森林は人工林を含めても世界の陸地の三割ほどになるまで減少した。近年の気候変動も新型コロナウイルスに代表されるパンデミックも、人間の大規模な介入によって、自然のバランスが崩れたことが要因の一つだろう。

私たちはもう一度、ジャングルの生態系と狩猟採集時代の共存の原理を学ぶべきではないか。もちろん今すぐ狩猟採集時代に戻れと言いたいわけではない。自分たちが暮らしている土地には歴史があり、自然があり、そこで育まれてきた文化もある。そこに目を向けるのだ。

かつて、人間が自然の一部として調和を保っていた頃、そこにはあらゆるいのちといのちがつながり、バランスを保って共存していた。人間が犯した大きなあやまちは、土地や自然を人間だけが利用できるものにつくり変えてしまったところにある。人工的なものを大量に持ち込み、自然と文化のバランスを崩してしまった。調和が保たれ、多様性の宝庫だった熱帯雨林を牧草地に変え、野生動物と共存していた細菌やウイルスが変異し、家畜を通じて人間にまで感染を広げた。二酸化炭素などの温室効果ガスを大量に排出して急激な温暖化を招き、化学物質によって大気や河川や土壌を汚染した。さらには原発事故まで起こしてしまった。地球の生態系を成り立たせるために必要な大気、水、土地が汚染されて、しだいに利用できなくなりつつある。

地球は人間だけのものではない。地球には、生物が多様に共存する生態系があったのだ。科学技術によって地球のコモンズを枯渇させてはいけないし、利用するにしても、賢く維持しながら利用しなければならない。今、私たちは文明の転換期に立っている。

人間社会の三つの自由

先に述べたように、人間の社会は三つの自由によってつくられている。動く自由、集まる自由、対話する自由である。人間は毎日動いて、さまざまな場所に出向いて集まり、そこで語り合い、他者と交流することによって生きる喜びを得る。サルや類人猿と比べ、人間はこの三つの自由を拡大してきた歴史がある。

サルも類人猿も年間に動く範囲は決まっており、熱帯や亜熱帯の森で暮らすサルたちはせいぜい一平方キロメートルの範囲が生活圏だ。草原や、日本のように雪の降る地域で暮らすサルはもう少し広く三〇平方キロメートルに及ぶこともある。これは食物の量や分布によって、探す地域の広さが決まるからだ。熱帯雨林は一年中、緑の葉が生い茂り、熟した果実も手に入りやすい。しかし森の外では乾季が長くなり、木々が葉を落として、果実の得られない季節が長くなる。とくに、日本の冬は木々が雪に埋もれてしまうため、冬眠できず、シカやイノシシのように何でも食べられる胃腸があるわけでもないニホンザルは、冬芽や樹皮、雪に埋もれたドングリなどを探しながら、広い範囲で歩き回らなければならない。

ゴリラやチンパンジーなどの類人猿は、サルよりもさらに胃腸の働きが弱いため、熟した果実が豊富にある熱帯雨林から離れられない。サルより広い範囲を動き回ったとしても、年間二〇平方キロメートルほどである。

同じ森にすむピグミーと呼ばれる狩猟採集民は、年間一〇〇平方キロメートル以上、サバンナで暮らすブッシュマンと呼ばれる狩猟採集民は、数百平方キロメートル、ときには一〇〇〇平方キロメートルに及ぶ範囲を歩き回って暮らしている。

集団に参加する自由度も、人間とサルでは大きく異なる。群れをつくるサルたちは集団への帰属意識を強く持ち、めったに群れから離れない。ニホンザルのメスは生涯自分の生まれ育った群れを離れないし、オスは群れをわたり歩くが、所属する群れを一度でも離れたら元の群れにはなかなか戻れない。もし他の群れに入ることがあっても、先住者であるオスやメスたちのご機嫌をうかがいながら控えめな態度をとる。もし群れに受け入れられても、しばらくはオスの序列の中で最下位に甘んじる。

ゴリラやチンパンジーはサルとは逆で、メスだけが群れをわたり歩く。ゴリラのメスは単独行動を嫌い、リーダーのオスが死んで所属する集団がばらばらになってしまった際には、すぐに別の集団に合流する。しかし集団を移籍するときに、ほかのメスと一緒に動くことはほとんどない。これは新しいリーダーのオスとの信頼関係を結ぶ際に他のメスとの競合をさけるためと考えられている。

また、群れに受け入れられるのは乳児を持たず、発情可能なメスだけだ。乳飲み子を抱いたままメスが移籍すると、子殺しにあう危険性がある。これは、類人猿の授乳期間が長く、授乳中は発情しないためで、オスは乳飲み子を殺して母親の発情を早め、自分の子どもを残そうとする進化上の戦略だと解釈されている。

一方、オスは基本的に他の群れに入ることはない。だからゴリラのオスは、自分の群れを出ると単独生活を送り、他の群れからメスを誘い出して自分の群れをつくろうとする。チンパンジーのオスは生涯自分の群れから出ず、血縁の近いオスたちと連携しながら暮らす。他の群れのオスとは敵対的になりやすく、地域によっては群れ同士で殺し合いになることもある。

サルや類人猿と比べると、人間は集団の出入りに関して許容度がかなり高いといえるだろう。私たちは日々、家庭や会社や取引先やご近所といった複数の異なる集団に出入りをしながら暮らしており、それぞれの集団で違う顔を持っている。この多層的な社会は、都会でも地方でも変わらない。この違いこそ、人間の社会の大きな特徴なのだ。

このようなことが可能なのは、人間の中に帰属意識とともに自己犠牲を払っても集団のために尽くすという独特な社会性があるからだろう。多くの人は、自分がどのような集団に所属しているかを意識し続けており、それがアイデンティティの一つになっている。帰属意識があるからこそ、ほかの集団を行き来しても、いつかは戻れるという安心感を持てるし、自己犠牲を厭わないからこそ他の集団に受け入れられるのだ。

シェアとコモンズを再考する時代

コロナ禍も収まりつつある今、これから人びとは、これまで以上に身軽に動く生活に移行するはずだ。その生活スタイルについて「第二の遊動」時代と呼んで本章で紹介した。これから人類は、科学技術をうまく使い、狩猟採集時代の精神に戻り始めるはずだ。「シェアとコモンズを再考する時代」の到来である。

繰り返しになるが、人類は七〇〇万年間も狩猟採集生活を送ってきた。最古の槍（やり）は五〇万年前だし、大型獣の狩猟は五万から六万年前にアフリカ生まれのホモ・サピエンスがユーラシア大陸に進出してからのことだ。まして農耕牧畜という食料生産活動を始めたのは一万二〇〇〇年前で、人類の進化史からみれば一パーセントにも満たない短い期間なのだ。

現代に生きる人々の心身には、狩猟採集時代に獲得した能力や特徴が残っている。日本では、成人の六人に一人が糖尿病とされているが、この疾患は、現代人が歩かず、炭水化物や脂肪を多く摂りすぎる結果として起こっている。私たちの心や身体は、まだ定住生活にうまく適応できていない部分があるといえるのではないか。

常に移動を伴う狩猟採集社会では、集団の規模を小さくして、所有物をなるべく減らし、狩りの道具をシェアし合い、対等な関係を保とうとした。

私はアフリカの熱帯雨林でゴリラを調査しながら、現地に住むピグミー系の狩猟採集民と長く付き合ってきた。彼らは今でこそ保護区の外で定住生活を強いられているが、つい最近まで熱帯雨林の中で移動生活を送っていたし、場所によっては今でも移動しながら暮らしている人々もいる。

森での住居は、ドーム形の葉っぱの小屋だ。細い木を円形に地面に突き刺して上で束ね、つるを周囲にめぐらせてクズウコンなどの葉で覆う簡単なもので、三〇分程度で完成する。所有物といえば、調理に必要な鍋やナイフ、狩猟に使う槍、弓、網、山刀などで、必要なものはなんでも森で手に入れる。椅子やテーブルは木を切ってつくるし、大きな葉がお皿になる。毎朝川で体を洗い、森で用を足せば虫たちが分解してくれる。きわめて衛生的な生活なのだ。

それでも同じ場所に長居すれば、採集できる野生の食物がだんだんと不足するし、排泄物やゴミなどで周囲が汚染される。それを漁る動物や寄生虫が増える。そこで数日から数週間ほどで、次の適した場所を求め移動する。

その生活の中で徹底しているのは、すべてを分配し、共有することだ。狩りで捕らえた獲物やヤムイモなどの採集物は、持ち帰ってみんなの前で広げ、各家族に分配する。燻製（くんせい）などの保存食をつくることもあるが、誰かが富として独占することもない。分配のやり方は細かく決められていて、必ずすべての仲間に行き届くようになっている。自分の狩猟具を持っていてもあえて使わず、互いに貸し借りして使う。大きな獲物を捕ってきても、むしろ大した獲物ではないと恐縮して見せる。これらの態度は一貫して仲間の間で権力をつくらず、互いに平等な関係を維持しようとする努力の反映なのだ。狩猟採集民の社会では、そのような仕掛けがたくさん用意されている。

このようなコモンズを増やし、平等な関係を構築しようとする狩猟採集民的な精神を再び広げることこそが、今、必要とされる選択なのではないか。

これからの日本は人口減少が続くが、狩猟採集民的な精神を持って科学技術を使えば、たとえ人々が地方に散らばって生活していたとしても、遠隔医療は可能だし、ドローンでの生活物資輸送もできる。複数の拠点を転々としながら、多様な暮らしを謳歌（おうか）できるはずだ。これからは人々が小規模な集団を訪ね歩き、ネットで効果的につながれる時代になっていくはずだ。

第四章

弱い種族は集団を選択した

――生存戦略としての家族システム

胃腸が弱く、ひ弱だった人類

今では地球の覇者のように振るまう人類だが、元々はとても弱い生き物だった。森の弱者として出発した人類は、その弱みを強みに変えながら課題を解決し、他の霊長類が踏み出さなかった新たな環境へと進出していく。

今から二〇〇〇万年ほど前の地球は温暖で、アフリカの熱帯雨林は今より大きく広がっていた。そこには多種多様な類人猿が生息し、サル類はほんのわずかしかいなかった。しかし、地球が寒冷化し始めると熱帯雨林が縮小し、類人猿は減ったのだが、かわりにサル類が優勢になる。今のアフリカにおいて、類人猿はたった四種、ヒガシゴリラとニシゴリラ、チンパンジーとボノボしか生き残っていない。しかしサル類は八〇種以上も生息している。類人猿はサルとの競合に負けたのだ。

なぜ人類と類人猿の祖先は、サルに負けてしまったのか。

理由の一つとして挙げられるのが、胃腸の弱さと繁殖力の低さだ。

サルと類人猿は、まったく異なる消化器官を持っている。

動物は植物繊維を分解する消化酵素を持っていない。持っているのはバクテリアなどの細菌類だけで、植物を食べる動物たちは、胃や腸にバクテリアを共生させ分解している。

サル類も胃や腸に大量のバクテリアを共生させているので、多少の毒素があっても分解できるし、植物繊維も消化できる。

植物にとって葉は光合成をするための重要な器官だから、なるべく食べられないようにしたい。硬い植物繊維で防御したり、消化を阻害する物質や毒物を仕込んでいたりする。果実にしても、種子の準備ができないうちに食べられてしまっては困るので、熟す前の実には、苦みのあるタンニンや、天然毒素のアルカロイドが含まれていたりする。バクテリアはこうした化学物質を分解してくれるため、サル類は大量の葉や未熟果であっても食べられるのだ。

ところが、類人猿は腸にしかバクテリアを共生させず、しかもその量がサルよりも少ない。そうなると同じ葉を大量に食べられないし、未熟果には手を出せない。同じ葉を大量に食べたとして、もしその葉に有毒物質が含まれていた場合、体内に蓄積してしまう。そこで多くの種類の葉や樹皮などを少しずつ食べながら、昆虫なども食べるようになり雑食化した。

果実にしても、類人猿は完熟したものしか食べられないため、熟す前の実を先にサルに食べられてしまう場面も多かったはずだ。食物を消化しにくければ、お腹がいっぱいになっても栄養をうまくとれないというケースもあっただろう。そのために類人猿は、森の中でサルよりも広く歩き回り、食べやすい食料を探す必要があった。しかし寒冷化によって森は小さくなってしまう。食べ物の不足は大きな悩みとなったはずだ。

現代人も類人猿の胃腸の弱さを継承しており、野生の植物を生でたくさん食べることはない。硬い葉はそのままでは噛めないし、野草独特の渋みやえぐみが苦手な人も多い。そのため、水に浸けたり、火を用いて調理したりすることで、植物の持つ防御壁を取り除く調理技術が発達した。我々が普段食する野菜は柔らかいが、そのような野菜を栽培し始めたのも、元々は胃腸の弱さをカバーするためだった。

ゴリラやチンパンジーは、活動時間の半分以上を、食べたり消化したりするために費やしている。これと比べ、人間の食事時間はきわめて短い。これは現代人が消化率の良い食べ物を摂るようになったからだ。

類人猿がサルに負けたもう一つの理由は、繁殖力の弱さだ。

霊長類のメスは、授乳している期間は妊娠できない。お乳の産生を促すプロラクチンというホルモンが出て、排卵を抑制するからだ。しかし赤ちゃんがお乳を吸わなくなると、自然にお乳は出なくなり、排卵が回復する。

類人猿の赤ちゃんを見ると、ゴリラは三年から四年の間、お乳を吸う。チンパンジーで五年、オランウータンでは七年ほどになり、この期間は妊娠できない。サルの赤ちゃんは半年から一年で離乳するので、少なくとも二年に一度は子どもを産める計算になる。そうなると、気候変動などで個体数が減ってしまった場合、類人猿はサルと比較して数の回復に時間がかかってしまう。こうして、類人猿が個体数を減らしていく中、サル類が優勢になったのだ。

人類の祖先も、類人猿のように子どもの成長に時間がかかる特徴を受け継いだ。しかし、離乳の時期だけは、サルと同じように早めることに成功した。現代人の赤ちゃんは、一歳前後で離乳してしまうし、はるか昔の人類も離乳は早かった。これは人類の祖先が熱帯雨林を離れて草原へ進出したことに起因する。森の中では大きな木がたくさん生えているので、地上で肉食動物に襲われそうになったら木に登ればいい。今でも類人猿は木登りがうまいし、チンパンジー、オランウータン、ボノボはいずれも樹上にベッドをつくる。体重の重たいゴリラも、普段は地上にベッドをつくることが多いが、集団の中でリーダーのオスが死んだときには、メスや子どもは樹上にベッドをつくることが多い。

ところが、草原では木が少ないため逃げ場がなく、安全な場所が限られてしまう。初期の人類は、肉食動物に狙われ、弱い子どもがターゲットになってしまい、一度は絶滅の危機に瀕したはずだ。餌食になってしまう動物の対抗戦略は、多産になって子どもを補充し続けるしかない。その方法は二つで、一度にたくさん子どもを産むか、出産間隔を短くして何度も産むかだ。霊長類は基本的に一度の出産で一人しか産まないため、人類の祖先は出産間隔の短縮を選択した。そのため、いち早く離乳して、次の妊娠に備えるように進化した。

しかし離乳時期は早められても、子どもの成長は早められない。類人猿の子どもは、離乳したときには永久歯が生え、大人と同じ硬いものも食べられる。しかし人間の子どもは六歳くらいにならないと永久歯が生えないため、離乳しても華奢（きゃしゃ）な乳歯で硬いものは食べられない。そのため、この時期の子どもには、熟した果実など柔らかいものを食べさせる必要が生じた。

食べられるものが限られてしまうのは、生存戦略上で不利だ。しかし手で食物を運べて、分配もできる二足歩行によって、この不利を解消しようとした。

ちなみに、人類の脳が二〇〇万年前に大きくなり始めたことはすでに書いたが、それまでに直立二足歩行が完成していたため、骨盤の形状が皿状に変形し、産道を広げられなくなってしまった。その結果、胎児の状態で大きな脳を育てられなくなり、まず小さな頭の赤ちゃんを産んでから、急速に脳を成長させるようになったと考えられている。

人類が離乳を早めたのも、大体二二〇万年前といわれている。お乳を飲んでいると、歯の成長を表す年輪（層）に違いが出てくるのだが、それを調べることで離乳時期が早まったことがわかるのだ。

ゴリラの赤ちゃんは、四歳で脳が二倍のサイズになり、大人の脳の大きさに達する。しかし人間の赤ちゃんは、生後一年間で二倍になり、その後、五歳までに九〇パーセントに達して、一二歳から一六歳頃までにようやく完成する。ゴリラの赤ちゃんの重さは一・六キログラム程度だが、人間の赤ちゃんは三キログラムを超える。人間のほうが重い理由は、体脂肪率を高めて、そのエネルギーによって脳を急速に成長させるためだ。ただ、脳の成長を優先するため、身体の成長が遅れてしまう特徴を持っている。

人類の祖先は類人猿から引き継いだ長い成長期間をさらに延長し、分担して食物を運ぶ共食によって、脳の拡大を実現したのだ。

食物の分配から生まれた平等

類人猿の食物の分配は、食物を持っていない体の小さなメスや子どもたちが、食物を持っている体の大きなオスにせがみ、分配してもらう形をとる。

ゴリラの社会は、メスや子どもたちに承認されないとオスが存在できない仕組みになっており、オスはメスに認められてようやく繁殖できる。逆にメスに認めてもらえなかったオスは群れを出て行ってしまう。オスはメスとの交尾機会を増すために食物を分け与えることもある。

子どもに優しいオスはメスに好かれる傾向がある。メスに選ばれるためにオスは自分の力を抑制して、あえて平等な関係をつくろうとする。そういう社会がゴリラにはあるのだ。ここには、人間でいうところの「建前と本音の社会」が芽生えているのではないだろうか。

オスとメスの力は格段に違う。しかし関係性は平等なのだ。そして平等であることによって、お互いが共存できる。力で支配するのではなく、平等性を前面に出すことで、対等な立場を守りながら、社会をつくる。これを伊谷純一郎は「条件的平等な社会」の萌芽（ほうが）が見られると考えた。

人類の祖先は、この「平等な社会」を拡大した。

第一章ほかでも触れたが、人類は森から草原へ生活領域を広げる中で、遠くに行って見えなくなった仲間に期待し、手元にないものを欲望する社会性を持った。お互いに期待する気持ちが芽生え、自分ひとりでは食物を採らなくなった。ここに次の段階の平等性が生まれる。つまり自分が手にしたものは、まだ自分のものではない、という意識だ。

サルにとって、自分が手にしたものは自分のものだ。自分の口に入れたものは、自分のものになる。だが類人猿の大きなオスが手にしたものは、まだそのオスだけのものではない。メスや子どもたちにとっては、ねだって分けてもらえるものでもある。所有への態度がサルとは違うのだ。さらに初期の人類は他の者がいないところで手にした食物を、わざわざ自分のものとはせずに仲間のもとに持ち帰った。消極的な分配ではない、積極的な分配だ。こうして人類は平等な社会をつくろうとした。

現代に残る狩猟採集民の社会も、徹底的な食物の分配が当たり前となって成立している。ひとりで食物を独占しない。徹底的に分ける。大きな獲物をとってきた狩人は自分の手柄を自慢するのではなくて、むしろ控え目な態度をとって、みんなの意見を聞く。さらに自分はなにもしてこなかったと謙遜する。そうすることによって、権威が生じないようにする。

このような振る舞いは、おそらく人類の祖先が森林を離れ、食物の分配を始めて以来ずっと引き継いできたことなのではないか。まさに所有を否定する社会である。

彼らは個人所有の槍や弓は持っている。しかし狩りに出るときはわざわざ自分の狩猟道具を持たずに、人から借りて出かける。自分の狩猟道具で獲物を狩ると、結局手柄が自分のものになってしまう。そうではなく、人から借りた道具で獲った食物であれば、道具を貸してくれた人にも獲物を分配する理由が生まれる。

あらゆるものを共有する。あえてそういう立場をとるのだ。また物を与える場合も、直接自分の手からは渡さず、どこかに置くようにする。自分の権利を放棄したように見せ、誰がとってもよい形にする。また物にも自分の名前を付けない。人から人へというつながりをあえてつくらない場合もあるのだ。それは食物でも同じで、共有の場に必ず出すようにする。現代の狩猟採集民たちはそのようにして平等な社会を守っているのだ。

隠される性、人間社会のルール

人間が生きていく上で重要な課題は食と性である。

そのうち、食物における平等性は、人間社会の根本につながっている。今でも食物をケチれば吝嗇家と呼ばれ、仲間から馬鹿にされる。見ず知らずの他人に対して食物を平等に分けるのは、人間にとって美徳であり、また当然のことだと認識されている。食物を分配し共食する行為は、人間の本性に近く、人間の平等性の源にあるのだ。

では、性における平等とは何か。

チンパンジーの社会では乱交、乱婚が当たり前で、誰とでも交尾をする。それゆえ、一九世紀の文化人類学者たちは、人類の祖先は乱交、乱婚の社会から始まったと考えていた。また、人間家族の起源論者として知られたアメリカの文化人類学者ルイス・ヘンリー・モルガンは、著書『古代社会』で、人間はインセスト（近親相姦）のタブーを設け、それを拡大することで多様な家族に発展したという説を唱えた。しかしこの考えは現代の様々な文化に見られる家族の形態を進化の段階に位置づけたもので、今では間違いとされている。人類は性の特徴に根ざした社会性についても、類人猿とは異なる独自の進化を遂げたと考えられるのだ。

性において、チンパンジーとゴリラの社会は対照的だ。チンパンジーのメスは、排卵日前後の二週間から一〇日間、性器の周りの性皮をピンク色に腫らす特徴を持っている。その時期には、性器が遠くから見ても顕著に目立つようになり、オスが群がってきて乱交的な交尾をする。オスが射精する時間は平均七秒で、メスは一日に何十回もオスとの交尾を繰り返す。オスの睾丸(こうがん)は大きく、精子をたくさん生産できるようになっており、オスは体の力ではなく、精子で競争しているのだ。

ゴリラは全く逆で、オスの睾丸は小さく一日に三回ほどしか交尾できない。またメスに性皮を腫らす特徴はなく、メスが誘わなければ発情しているかどうかもオスにはわからない。ゴリラの群れはだいたい一頭のオスに三、四頭のメスで構成される。排卵日に合わせてメスが発情し、オスを誘うことで交尾が起こる。また、集団間でオス同士が張り合うことによって物理的に乱交、乱婚を防ぐ。ゴリラは一夫多妻の家族のような群れに別のオスが入って混乱しないよう、群れの独立性を保証することが必要になったと考えられる。

このように、ゴリラやチンパンジーを始め人間以外の霊長類は、交尾のタイプは違うものの、性交渉はみんなが集まって見ている前で行うことが常識になっている。

一方、人類には霊長類の食と性におけるこの公共性を逆転させるという現象が起こった。

霊長類は食事の際、基本的に個人単位で、争いのないよう仲間とは離れる。また、自分の食べるものを仲間と分けあうこともあまりない。分散して互いに競合しないようにして、積極的な食物の分配はあまりしないのだ。

しかし人間は食べる行為を隠さなかった。食べている場所も秘密にしないし、分配も公開する。しかし性は隠し、プライベートなものにしたのである。

類人猿にとって性は隠すものではなかった。交尾にしても、仲間は近くで見ることができた。

人類の場合、家族の性の独立を保持しなければ、家族と複数の家族による共同体という重層構造の社会がつくれなかったのだろう。そしてインセストタブーも生まれた。血縁関係にあるものは性行為をしてはいけないというルールだ。

タブーはさらに飛躍し、たとえ血縁関係になくても親子の契約を結んだもの同士は、性交渉をしてはいけないことにした。性行為は隠れた場所で行うようになり、公の場所では性器も見せなくなった。性の文化が生まれたのである。

文化的慣習や制度とは、そうしなければ生き延びられないものではない。しかし、それを破れば社会が破綻する。

服を着るのも文化の一つで、寒い時期などを除けば、裸でいることに生存上の大きな支障はない。しかし社会的な支障が起こるから誰もが衣を纏う。現代においては、ほとんどの社会で性器は隠すことになっている。この文化は、食を公開したことと同様、非常に深く人間の心に埋め込まれている。類人猿と人類におけるこの逆転現象は、人間が複数の家族と共同体をつくったときの絶対条件としてあったのだろう。

ここで見落としてはならないのが、人間社会における性の平等である。チンパンジーの社会は乱交、乱婚で相手かまわず交尾できるが、優先権は力の強い者にある。だからオスが複数いて性が公開されても、他のオスは容認し、トラブルにはならない。

人間の社会は性を隠すことによって家族を重視し、そこにおける性の独占を確立した。性における平等を共同体で認め合ったのだ。いくら力の強い男であっても、他の男が娶っている女に手を出してはいけないという慣習ができていった。

人類の性における平等性は、社会に家族という枠を設けることで守られてきた。巨大文明が築かれ、政治権力を持つ者が奴隷制を敷いても家族は存続したし、効率性を徹底的に推進したナチスでさえ、家族はつぶせなかったのである。

「共同保育」を支えた複数家族の共同体

人類の子育ての単位は家族ではない、家族が複数集まった共同体、さらには共同体が集まった広い社会になっていった。複数の家族の共同体が成立した理由としては、成長に時間のかかる子どもをたくさん抱える中で、家族だけでは子育てができなかったことにあるのではないかと私は思う。

人類は当初、とにかく多産だった。先にも述べたが、ゴリラもチンパンジーもオランウータンも四年から九年おきにしか子を産めない。それは授乳期間が長いからである。ゴリラやチンパンジーの子どもは四年から五年の間にお乳で育ち、離乳したときには永久歯が生え揃っているから大人と同じものが食べられる。

一方、人間の子どもは六歳にならないと永久歯は生えないのに、一歳か二歳で離乳する。生え変わり前の乳歯は小さく華奢で、親は柔らかいものや食べやすく加工したものを与えなければいけない。そんな厄介なことが起こったのは、人類の祖先が森林からサバンナへ出て行った頃、子どもが肉食獣に捕食されて絶滅の危機に瀕したからである。そのため離乳を早めて多産になる必要があったのだ。多産を維持するためには本来ならお乳を吸っている乳児を離乳させ、その離乳期の子どもに離乳食を与え続ける必要があった。

また人類は、小さな脳で出産し、生後急速に脳を大きくする方法を採った。人間の親は、頭だけが大きく身体の成長の遅い子どもを、たくさん抱えることになる。そのため親だけでは子どもを育てられず、他の仲間の手を借りる必要が出てくる。そこに共感力が育つきっかけが生まれた。自分の子どもでなくても、子どもに手を貸してあげたいという気持ち、あるいは子育てに困っている親に対して協力したいという気持ちが芽生え、子どもを一緒に育てる社会がつくられていったのだ。

人間以外の動物を見てみると、こんなに共同保育の手を広げている種はいない。しかも保育の対象となる子どもは未熟で弱く、慎重なケアが必要になる。大人同士や子どもと大人の間でも相手の気持ちを的確に読む必要が生まれ、共感力はさらに鍛えられただろう。

子育てはなかなか思い通りにいかないものだ。だから子どもがどういう状態か、どういう危険があるかを先回りして察知しながらみんなで協力して育てていくという、家族と複数の家族で成り立つ共同体が両立したのだ。

このように人類は、類人猿から引き継いだ弱みを強みに変えて、大きな力を手に入れた。人類が初めてユーラシア大陸へと進出を果たそうとしたときにも、培ってきた社会力が、大いに役立ったはずだ。

仲間や子どもを助けるのは人間だけか

人間には「他人にしてもらいたいと思うような行為をせよ」という黄金律と呼ばれる行動基準があり、世界のあらゆる民族や宗教に見られる基本的な道徳といえるだろう。この行動基準は、人間以外の動物にはない。人間以外の動物には、仲間と自分との間で何が違うかという状況判断や、仲間の気持ちを推測する能力がないからだ。

だが動物たちは、本当に仲間の気持ちがわからないのだろうか。

一九五〇年から六〇年代にある実験がアメリカで行われた。

まず、レバーを押すと餌がもらえるようにラット（実験用のネズミ）を訓練する。次に二頭のラットを別々のケージに入れ、片方のラットがレバーを押して餌を取ると、もう片方のラットには電気ショックが流れるようにする。電気ショックを与えられ、跳ねまわる姿を目撃したラットは、それ以上レバーを押さなかった。

同じ実験をアカゲザルで行うと、一二日もの期間、飢え死に寸前になるまで餌を取らなくなるサルがいた。残酷に感じる実験ではあるが、ラットやサルも仲間の苦しむ姿を見たくない、自分がその原因になりたくない気持ちがあることがわかるだろう。

長年チンパンジーの研究を続けてきたフランス・ドゥ・ヴァールは、共感と同情は違うものだと考えている。共感は、他者についての情報を集め、それを他者と同じように感じるプロセスで、同情は、他者に対する気遣いと他者の境遇を改善したいという願望を反映する、といった違いがある。サルには共感する能力はあるものの、同情する能力は稀薄だという。同情するためには、相手の苦境を理解する認知能力と、相手を助けたくなる気持ちが必要だからだ。

これには、わかりやすい例がある。アフリカのオカバンゴという大湿地帯は、乾季の間は乾いた草原だが、雨季になると遠くで降った雨が川となって流れ込み、大湿原になる。ここで暮らすヒヒは泳げるため、ライオンなどの肉食動物に狙われたら、水に飛び込んで逃げる。しかし、赤ん坊を抱えたままのヒヒの母親も、同様の状態で水に飛び込んでしまうので、赤ん坊だけが溺(おぼ)れ死んでしまうことがある。ヒヒには、自分にはできても赤ん坊にはできないことがあると理解する能力が欠けているのだ。

類人猿はこの能力を持っている。オランウータン、ゴリラ、チンパンジーは、よちよち歩きの赤ん坊が階段から落ちそうになると、手を伸ばして支えようとする。ヘビなどの危険な生物が赤ちゃんに近づこうとすると、あわてて引き戻す。赤ん坊には、自分と同じ能力がないと知っていることがわかる。

チンパンジーは、傷ついた仲間がいれば、近づいて抱きしめ、傷をなめることがある。大人に攻撃されてうずくまっている子どもがいると、別の子どもがやってきて抱きかかえることもある。

ゴリラの場合も、仲間同士のケンカがあれば介入し、両者をなだめた上で、傷ついたゴリラにじっと顔を近づけることがある。これは仲間を慰める行為だと思われる。ケンカに直接関わっていない第三者が仲裁し、慰める行動は、類人猿にしか見られないものだ。類人猿は、自分が関わることで状況が変わり、苦境にある仲間の気持ちが和らぐと経験的に知っているのだ。

では、人間以外の動物が、自分とは違う種を助けることはあるのだろうか。

一九九六年にシカゴのブルックフィールド動物園で、三歳の男の子がゴリラのいる柵の中に転落する事故があった。コンクリートの床に落ちて気を失った男の子のもとに、ゴリラたちは興味を示して集まってくる。危険だと感じた飼育員たちは、ホースを使って水をかけ、ゴリラたちを遠ざけようとした。すると、ビンティという名のメスゴリラが放水の雨をかいくぐって、男の子を抱き上げ、飼育員のいる入り口にそっと置いたのである。子どもは無事で、一度は入院したものの、その後、無事退院した。

このときビンティは、男の子の危機を感じ取り、ゴリラの手にかからないように保護したのだろうか。ゴリラにそんな認知能力があるわけがない、という意見が相次いだ。ビンティは母親が育児放棄してしまったため、人間によって育てられたゴリラだ。育てられる過程で、人形遊びをしていたこともある。そのような体験から男の子を抱き上げたくなったのだろう、という指摘である。

しかしゴリラやチンパンジーの研究者の多くは、ビンティが男の子の危機を感じ取り、救うために行動した、と考えた。私もその意見に賛成する。ビンティはわざわざホースの水がかかる中で男の子に近づいている。しかも、抱き上げただけでなく、飼育員のいるところまで運んだのだ。個人的な興味などではなく、男の子を救うためにとった行為だったと考えられるだろう。

自己犠牲の精神という美徳

人間は動物を助けることに熱心な傾向がある。

羽が折れて飛べなくなった鳥や、巣から落ちてもがいているひな鳥を見つけると、手当てをして餌をやり、飛べるようになるまで面倒を見る。そのような丁重な手当てができないときでも、傷ついた動物を見て、心を痛めた経験は誰しもあるはずだ。このような行為は、同情の能力があるからこそで、ペットを飼ったり、家畜の世話をしたりする中で育まれたのだろう。

人間は共感や同情の対象を他の種に広げ、仲間に対してはさらに強めたところに特徴がある。仲間が危機に陥れば、助けるために自分の命を懸けることさえある。しかも自分の子どもや近親者だけでなく、血縁関係のない赤の他人でさえ、身を挺して助けようとする。このような自己犠牲の精神には、人間が社会力を強め、これまで地球上の新しい環境に進出するたびに危機を乗り越えてきた原動力があるように感じる。

同じ種族を助けるために、自分の命を犠牲にするという、ほかの動物たちから見たらとんでもない行為が、なぜ人間にとっては美徳となったのか。

一九世紀に進化論を唱えたチャールズ・ダーウィンも、人類の自己犠牲的な行動の解釈には困惑した。自然選択を経て生き残るためには、自分の遺伝子を受け継ぐ子孫を少しでも多く残す必要があるし、子孫を残す前に死んでしまったら遺伝子を残せない。

ダーウィンはそれを、動物に共通する社会本能として解釈した。人間以外の動物にも、自分が心地よく暮らすために仲間を助けようとする動きが見られる。人間はそのような感情を言葉によって意味づけ、良心を発達させたと考えたのだ。

しかし、自己犠牲の精神は、言葉の出現以前に確立されていたのではないかと私は考えている。人類が森を出て草原へと進出したのも、アフリカ大陸から多様な環境へ進出し始めたのも、まだ言葉を話していない時代だった。

自己犠牲は道徳というより、美徳と呼ぶにふさわしい行為だ。

人間には顔を赤らめる性質がある。失敗したときや対人関係で不安を感じたときに起こる現象だ。これは生理現象だから、意図的には止められない。人間は誰でも赤面する性質を持っているが、この現象は類人猿には見られない。ということは、赤面は人間の祖先が独自の進化の中で身に付けた特徴だといえるだろう。人間は仲間からの評価を常に気にかけ、期待にそぐわない行為を控える傾向がある。その行動基準がやがて集団の中で道徳になる。だから道徳は集団によって様々な違いがあり、道徳に反した場合のペナルティも様々だ。ペナルティができる以前の、恥を感じて赤面する気持ちこそが、すべての人間に共通する自然の道徳といえる。

しかし、美徳は人類に共通な価値観と美意識に基づいており、その起源は道徳より古い。おそらく自己犠牲の精神は、人間が共同育児を始めたころに、血縁以外の子どもたちを保護するようになってより発達したのだろう。その習慣がいつしか人間以外の動物たちにも向けられるようになった。人間は共感と同情を基にした社会力を強め、それを自分たちの美徳や道徳にして、社会の規模をさらに拡大したのである。

第五章

「戦争」はなぜ生まれたか

――人類進化における変異現象

人類の歴史は「戦争のない時代」

ユヴァル・ノア・ハラリは、『サピエンス全史』の次に刊行した『ホモ・デウス』の中で、二〇世紀までに人類はこれまでの大きな課題、戦争と飢餓と病気を解決する手段を手に入れた、と書き、二一世紀、人間は神の手、不死の体、そして幸福を求めに行くだろう、と予想している。さらにその方策については次作の『21 Lessons』に詳述している。

しかし、ハラリの予言は当たらなかった。

二一世紀になり、世界は様々な紛争に直面している。アラブの春もアフガニスタンの紛争も解決していない。ミャンマー、シリア、スーダンと紛争の火種はくすぶる一方である。新たにロシアによるウクライナへの軍事侵攻も始まり、まったく収束する気配がない。その原因は何なのか。

戦争は勝者と敗者を生む。勝った者が領土を占有し、負けた者はその負債を払わなければならない。第二次世界大戦でアメリカは日本に原爆を落としたが、罪に問われていない。日本は東條英機などの指導者が絞首刑となり裁きを受けた。勝つことによって、国家が大きな利益を得る。戦争を起こさないと国家の利益は拡大できない。そして戦争は武力によってしか解決できない、という常識が蔓延(まんえん)し、その暴力性こそが人間の本能であると考える人もいる。

ハラリは、戦争を解決する望みはついたとした。国連が核兵器禁止条約を採択し、大きな戦争を起こさない、起こさせないようにする世界の合意がとれた、という。しかし現在、国連は世界各地で起こる紛争、戦争を防げていない。この現状を見てしまえば、結局国家を守るためには、それぞれの国家が自分たちの力で安全保障を強化させるしかない、という結論に至ってしまうかもしれない。ときには、戦争こそが平和の秩序をもたらすために必要であるとすら考える国や地域も出てくるだろう。

しかし、ここに大きな疑問がある。

戦争は人類の歴史の中でも、きわめて新しいものだ。

現在、人類が狩猟採集生活をしていた時代に戦争をしていたという証拠は、見つかっていない。

人類最古の戦争は、約一万二〇〇〇年以上前とされている。スーダンのヌビア砂漠にあるジェベル・サハバで大量の人骨が見つかり、槍などで傷ついている形跡があることから、この頃から戦争があったのではないかといわれている。

この頃の人類は、すでに定住生活を始めていた。戦争は狩猟採集から農耕牧畜に切り替わろうとしていた時代に始まったのだ。人類誕生から現在までが約七〇〇万年と考えると、人類の歴史の九九パーセント以上は「戦争のない世界」だったことになる。この歴史を見るだけでも、戦争のような行為を人間の本能であると考えるのは間違いであると理解できるだろう。

では、なぜ戦争のような愚かな行為が始まったのか。

その理由の一つは、先にも述べた通り、食料生産を始めたことで土地に価値を見出すようになったからだ。土地に肥料や種を蒔き、収穫する。その利益を得るために定住をする。結果、人口が増え、さらに食料が必要となり、領土を拡大しなければならなくなる。所有が始まり、人口が増え、領土を拡張しようとする中で集団間のコンフリクトは高まっていく、というものだ。そうなると、食料生産に従事せず、武力を中心とする専門家が現れて、集団の権利を拡張するようになった。これは狩猟採集時代には見られない人間にとって新しい行為だった。

西洋近代への日本霊長類学者の反論

人間を戦争へと導いた理由としては、共感力も挙げられるだろう。

一七世紀、トマス・ホッブズは『リヴァイアサン』の中で、自然状態の人間は闘争状態であるから、その闘争状態に秩序をもたらすためには大きな権力、リヴァイアサンという怪物を必要とし、人びとが自分たちの権利をそこに譲渡し、その権力による支配が平和をもたらすと記した。政治権力を認める考え方である。

ホッブズの少し前、マキャベリは『君主論』を著わす。『君主論』には人の気持ちを斟酌したりする必要はなく、権力を掌握するためにいかに巧妙に立ち振る舞ったらよいかが書かれている。

その一〇〇年後、一八世紀にジャン゠ジャック・ルソーが登場する。ルソーは人間の自然状態を「他人の動向には関心を示さず、自分のことだけを考えて生きる」状態とした。そしてこれを「自然人」と呼んだ。そんな自然人である各人が身体と財産を保護するためには、それらを契約によって共同体に譲渡することで、単一の人格と意思を持つ国家が生まれ、秩序がつくられると考えた。「社会契約論」である。

ルソーはこの『社会契約論』や『人間不平等起源論』などの著書で歴史に名を残した。この思想に従って起こったのがフランス革命だが、この革命は互いに殺し合う結果となり、混乱の末に、ナポレオン一世による帝政を登場させた。

フランスの国旗が表している、自由、平等、博愛は、青と白と赤に色分けられている。しかし、この三つは未だに実現していない。平等な社会をつくることと、人間が自由に生きることは、ときとして相反するのだ。

現代の新自由主義は、自由な経済活動と小さな政府を志向した。そして平等な社会は消え、富むものと貧しいものの格差が拡大した。

平等と自由を両立させるのは非常に難しい。ルソー、ホッブズの時代には、人間のことしか考えていなかった。

しかし、霊長類から人間の過去の暮らしを再検討すれば、まったく違う視点からこの問題を考えることができる。

人間の本性は、ホッブズが言う「闘争状態」でも、ルソーが唱える「自然人」でもないのだ。

人間以前の、あるいは人間と共通の祖先を持つサルや類人猿も、それぞれに社会をつくっている。ホッブズやルソーの時代の人々は、それを「社会」とは呼ばなかった。

日本の霊長類学は、人間以外の動物も社会を持っているという前提から始まっている。かつて欧米の学者たちは、この説を信じなかった。社会は言葉によってつくられており、社会と文化は言葉によって生じるため、言葉を持たなければ成立しないものと考えていた。しかし日本の霊長類学の創始者である今西錦司は、言葉を持たない動物でも社会を持っており、それはお互いを認知し合うことから始まっている、と考えた。

魚の世界、昆虫の世界、アメーバの世界も、それぞれに社会を持っている。当然、人間とは違うものだが、サルにはサルの社会や文化があることを一九五〇年代に、弟子の伊谷純一郎や河合雅雄たちとともに証明した。

ルソー以後の一八五九年に、チャールズ・ダーウィンが進化論を唱えた。ダーウィンの著書『種の起源』の最初の原稿に、人間は含まれていない。生物がどう進化するのか、そのメカニズムについて説いたものだ。

しかし一八七一年には、人間も同じ進化の原則に従っているとして、人間の由来に言及した。動物は食料が育つよりもずっと速く、その数を増やしていった。そこで競争が起こり、競争に勝ったものが子孫を残す。この「競争原理説」は、大きく考えればホッブズ流の考え方であって、自然界は闘争に満ちており、生存競争によって環境に合ったものだけが生き残り、子孫を残す。ダーウィンはそういう思想をつくりだした。

しかし、今西錦司の根本原理は棲み分け論で、競争原理ではない。

世界にこれだけ多様な生物がいるのは、生物が互いに共存し合おうとして互いの性質を変え、環境に適応するように暮らし方を変えていったからで、「棲み分けの多様化」こそが進化なのだと主張した。大変画期的な考えだったが、残念ながら当時、この主張は認められなかった。進化のメカニズムが、競争によるものではなく、共存によるものだという説を証明できなかったからだ。

だが、これは大変重要な考え方だ。今西が主張した進化は大進化のことで、ダーウィンの進化は個体の進化、つまり小進化なのだ。生き残ることによって、その個体の子孫の性質は受け継がれる。これは遺伝子レベルで証明が可能だ。しかし、今西の考える進化は、その種全体が変わっていくことであり、個体の進化を説明しているわけではない。なぜオオカミとリカオンの違いが生まれたのか、ゾウとキリンのような形が違う動物ができたのか、有袋類、有胎盤類という系統の全く違う哺乳類でフクロオオカミ、オオカミという形態のよく似た種が生まれたのはなぜか、などということを捉えていった進化論なのだ。

伊谷純一郎の観察と発見

今西の弟子である伊谷純一郎は、ルソーの『人間不平等起源論』に対抗して、「人間平等起源論」を唱えた。ルソーは「人間は互いに平等だった、不平等ができたのは文明が発展し所有が生まれ、食物をめぐって人々が相争うようになったからだ」と考えたが、伊谷は、サルの研究を通して、人間が現れる前から不平等原理によって社会はつくられていた、と主張した。伊谷がこの理論を出した一九七〇年代、八〇年代は世界中の多様なサル社会について、徐々に明らかになってきた時代だった。

サルの中でも、夜行性の原猿類と昼行性の真猿類がいて、夜行性の原猿類はだいたい単独生活をしており、霊長類の最初の祖先に近い。だから六五〇〇万年前にこの地球上に現れた霊長類は、最初は夜行性で単独生活をしていたと考えられる。単独生活のサルは互いになわばりを構えており、対等な関係にある。それがだんだんと昼の世界に進出し、鳥が食べているものを食べるようになり、体が大きくなる。鳥の食卓に侵入できるようになって、昼の地上を支配していた鳥の世界に顔を出せるようになる。そして自分たちの食卓を守るために群れをつくり始めた。その群れが不平等社会となる。

群れの中でケンカをしないようにするため、食物を誰が先にとるかという優先権を認め合うことが秩序をつくる方法となった。食物が限られているとケンカになり、エスカレートすれば、どちらも傷つく。だからケンカをする前に優先権を与えて、強いほうがとるという秩序をつくってしまえばケンカは起きない。

サルの食物は基本的に植物なので、少し動けば別の場所で見つかるし、違うものを探せばいい。体の小さいものはより広く移動しないといけないルールではあるが、樹上に食物がある場合なら、必ずしも体の大きいものが得をするとは限らない。枝先には体の軽いほうが先に到達できるからだ。

サルたちが地上に降りてしまえば、小さいサルは走力が弱かったり、襲われても抵抗する力が弱かったりするため、体の大きなサルには敵わない。樹上から地上に降りたヒヒやニホンザルには優劣順位、社会的な格差が目立つようになった。これは目に見える不平等社会である。

サルの社会から見る不平等社会の成立

この群れ社会はオスが移動する社会である。

一九八〇年代にサルの群れがどのようにしてつくられたかの研究が進んだ。

サルのオスとメスでは、食物に対する要求が違う。なぜならメスは妊娠して出産した後もお乳を与えて子どもを育てなくてはならないからだ。

また子どもを産んだあと、育てる期間も長い。そのため自分にとって必要な食物を得るだけではなく、自分の子どもに必要な栄養も摂り、それをミルクにして与えなくてはならない。メスは食物に対する要求がオスより強くなる。メスはだいたいオスよりも小さいから、安全に食べるためには集団でいるほうがよい。だから食物への要求と安全性への要求から、まずメスが集団を組むことになる。

オスは自分だけでは子孫を残せない。メスが集団を組めば、オスにとっては繁殖のリソースになるため、メスの集団にオスがついて歩くようになる。これがサルの社会の群れのつくり方となった。

メスの後をついて歩くニホンザルのオス（写真：著者提供）

オスは優先権を行使しようとして、メスを力ずくで押さえつけたり、オス同士が争ったりする。メスは自分を守ってくれる、あるいはトラブルを収めてくれるオスを求めるようになる。オスはメスから嫌われたら繁殖できないから、メスに選ばれるよう、メスのために行動し、オス間で交尾相手をめぐって争う。

闘争に負ければヒトリザルになるか別の集団へと渡り歩くしかない。

メスは生まれつき血縁関係で連携している。生まれつき顔見知りだから、おばあさん、お母さん、娘で協力してオスを選んでいく。オス同士は力で優先権を決め、メスは血縁内で連合することによって集団の中で階層性が芽生える。強いものと弱いものが生まれる。これこそが伊谷が言う、先験的不平等の社会である。

食物をめぐるトラブルを防ぐために優先権を認めた社会が基となって、不平等を原理とするような社会ができた。これも社会の秩序をもたらす一つの方法だった。

ところが、人間に近い類人猿の社会は、オスが移動するのではなく、メスが移動する社会だ。オランウータンもチンパンジーもゴリラも、思春期になったメスは親元を離れ、自分でパートナーを選び、交尾をして子どもをつくる。それが共通する特徴である。そうなるとメスより大きいオスも、メスが去らないように気配りをしなくてはならない。そういった社会では、ある条件のもとで平等を前面に出すようになる。伊谷はこれを「条件的平等の社会」と呼んだ。

例えばゴリラのオスはメスの二倍ほどの大きな体を持っているが、メスから食物の分配をせがまれたら、時々食物を分けたりする。あるいは体の大きさの違うもの同士が遊ぶときには、体の大きなものが自分にハンデを負って、体の小さなものに合わせて遊びを長続きさせる。だから、遊びは小さいものがイニシアティブを握っていて、大きくても小さいほうに遊びを強制できない。しかも遊びはターンテーキングと言って役割を交代する。追いかけたり追いかけられたり、組み伏せたり組み伏せられたり、そうしないと遊びは持続しない。自分と相手の体力差がどのくらいか。あるいは相手の気持ちがどうであるかを瞬間的に読まなくてはいけない。ここに共感力が高まる余地が出てくる。

戦争の起源は「共感力の暴発」

こうして、類人猿の「社会」は成立した。

第四章でも述べたが、本来、家族と共同体は成立原理が違う。家族は互いに奉仕し合う組織で、自分が何かをしてもらってもお返しする必要がない。しかし共同体は何かをしてもらえば何かの機会にお返しをしなければならない。だから家族と共同体のあいだで、ときとして相反することが起こる。

ゴリラとチンパンジーはそれぞれ一つの集団しか持っていない。ゴリラは家族的な一つの集団であり、チンパンジーは家族のない共同体的な集団で、家族と共同体の二つを両立させていないのだ。

　しかし人間はこの二つを両立させることができた。平等性、あるいは条件的平等性という、互いに対等な立場で付き合える社会性をつくり、持続してきた。その社会力が非常に強かったがゆえに、人類は一八〇万年前にアフリカ大陸を出て広大なサバンナを渡りユーラシア大陸に到達できたのだ。そして、アジアやヨーロッパへと広がっていった。この社会力は平等性を備え持った共感力によって支えられていたのである。人間の本性は共感力にあったのだ。

　共感力が強まれば強まるほど、人々は仲間を思いやる気持ちが強くなるはずだ。それなのになぜ戦争のような悲劇を起こすことになったのか。

　原因の一つとして、農耕牧畜のために定住生活を始めたことを指摘したが、真の原因はその前にあった。

　これまで繰り返し述べているが、戦争の起源にあるのは言葉の持つ類推、比喩、アナロジーだ。言葉は世界を、集団の外と内を切り分けた。集団の仲間を思いやるがゆえに集団の外に敵をつくっていく。狩猟採集による移動生活の時代は、お互い違う場所へ移動していけば取り合いにはならなかった。ところが農耕牧畜によって定住が必要となり土地にしがみつくようになる。自分たちの共同体が努力して得た利益を守ろうとし、外の人たちを敵視するようになる。敵視は言葉によって顕在化する。オオカミのように陰険なやつだと、人間ではないものになぞらえる。このアナロジーによって簡単に相手を敵視できるようになり、本来なら敵ではないはずの人間を敵とみなすようになった。それでも最初は勝つか負けるかという解決法ではなく、調停もできたはずだ。それが個体の利益だけではなくなり、国家の権威や利益に結びつくようになって、後戻りできなくなっていった。

だから戦争の起源は「共感力の暴発」でもあるのだ。

それまで共同体が生き延びるために使われ、発達もしてきた共感力が、方向性を変えて敵意となって、外に向けられるようになった。ときには集団内の結束が必要なときにあえて敵をつくりだすこともあっただろう。

アメリカでもヨーロッパでも、映画で最も多いジャンルの一つが戦争映画である。国内の秩序が乱れた際、外に敵をつくりだすのだ。その敵に向かってみんなが結束する。そのことを為政者はよく心得ているから、国策として戦争映画をつくろうとするのだ。

類人猿の時代には、身体的な不平等があれば条件をつけて平等にしていたのに、現代人はその記憶をすっかり忘れている。

この平等な社会は、ある集団の中だけではなく集団の外にも広がっていた。ホモ・サピエンスは、言葉を使い始めてから、言葉を情報のツールとして用いて、集団間で様々なもののやりとりをしたり、あるいは交流したりしながら、戦争のない時代を過ごしていた。集団同士も対等で、別の集団に対する敵意もどこかで解消されていた。仲間に上下関係をつけたり、ある集団が他の集団を支配したりすることも起こらなかった。長い間、そのような生活こそが人間性として自然なことで、助け合いこそが、人間の進化のプロセスの中で当たり前の社会性だったのだ。

しかし、あるときから自分たちの集団の利益を拡大するために、他の集団を追いやる、あるいは他の集団を支配するようなことが起こってしまった。

巨大文明が築かれ、世界宗教が誕生した

人類は狩猟採集生活から農耕生活に移り、家畜をつくった。

農耕牧畜の文明史と農耕のみの文明史では、明確な違いがある。それは奴隷をつくった文明とつくらなかった文明であることだ。同じ人間の中で格差をつけ、権力を持つものによる支配を前提につくられてきた近代までの文明は、人類が目指した社会とは違うものな

のではないか。

アメリカではメリトクラシーと呼ばれるが、能力のある者が社会的に高い地位を得るのはある意味で当然の話である。その能力を高めるために誰もが教育を受け、成功者を称賛する。アメリカの憲法は、人々が幸福を求める権利を認めている。しかし自発的に幸福を求めない者は権利を放棄したとみなされてしまう。それは人類が目指してきた、誰もが平等、対等な立場で格差をつくらない、あるいは権力を登場させない社会のつくり方とは大きく違うように思える。

人間の社会において、文化と文明は何が違うのか。

文化は権力を必要としない。文化を維持する権威はある程度必要かもしれないが、権力を行使する政治組織は必要ない。しかし文明を築くには権力や政治組織が必要となる。その力で文明は広がっていく。

一方、文化は広がらない。その土地の特性と結びつき、人間と土地、気候などの環境との関わり合いによって生活習慣として出てくるものである。文明は一定の様式を、文化を超えて普及させる。その結果、文明は都市を出現させた。現在では、世界の人口の半分以上が都市に暮らしている。

そして今、これまでとは異なった出自の文明が現れ始めている。情報通信機器の発達であらゆる情報が世界に浸透し、人々の衣食住に大きな影響を与え始めている。そこに権力の行使はない。しかし人々の欲望を駆り立てる情報によって、世界は均一化し、文化は消えつつある。

情報通信機器によるプラットフォームが世界を制する現代は、権力の在り処がわかりにくくなった。しかしそこには非常に大きな力が働いている場合がある。情報を集め、情報を操作して利用しようとするIT企業は公的な権力組織ではない。だが、その情報に接することのできない人たちは排除されていく。あるいは悪意を持った人々がSNSなどを悪用して意図的に誤情報を流し、世論を誘導することさえある。

現代の社会では、これまで想像もしなかった形で不平等が生まれている。情報通信機器が様々な文化のあいだをフラットにつなぐことで、そこに見えない権力が生じ、階層ができる。世界は見事に、情報文明による中央集権的な社会となったのである。

これまで人類は、対面で付き合い、目の前にいる他者に配慮することによって平等性をつくってきた。土地の特性に合わせ不平等が生じないよう工夫してきた。

ところが情報の大流通によって、文化は消失した。これまで不平等をなくすためには権力を倒せばよかったが、現代ではその権力が見えにくくなった。これが今、直面している大きな危機なのだ。

人類は共感力の方向性を誤ったがゆえに、闘争と暴力が支配する社会を助長している。哺乳類と霊長類と人間の死亡率を比較し、集団間の暴力によって死亡した一〇〇〇人あたりの人数を計算したところ、哺乳類に対し霊長類は数倍高い死亡率だったという論文が、二〇一八年に「ネイチャー」誌に発表された。その理由は、霊長類が集団でなわばりを構えて敵対する傾向が強いからと見なされている。

人類の祖先も、今から五〇〇〇年前までは他の霊長類と同様の比率だった。それが五〇〇〇年から三〇〇〇年前、巨大文明が現れた時代に一気に変動し、死亡率は一〇倍以上に急上昇している。

農耕牧畜が登場した際、集団間の暴力は増えたが、初期の暴力の増大は大きくなかった。その後、農耕地が拡大して支配と被支配の構造が生まれ、君主制が登場して巨大文明が生まれ、暴力は激増した。そしてその直後に世界三大宗教が生まれる。キリスト教、イスラム教、仏教だ。まさに人間の文明による暴力を解釈し、それを軽減しなくてはならない時代が到来したのだ。

繰り返しになるが、暴力や戦争は、人間の本性ではない。言葉によって人間がつくりあげてしまった虚構なのだ。人間の共感力はその虚構を強固なものにしてしまった。虚構が敵対意識をつくり出し、暴力を正当化してしまったのだ。

戦争は人間の本性ではない

今、世界中の政治家は、人間の本性が悪だと思い込んでいるように見える。だからこそ人間の本性を抑えつける必要があり、人々が平和に暮らせるよう、秩序をもたらすためには管理するための権力が必要で、それが政治家の役割だと考えている。

しかし、オランダの若き歴史家でジャーナリストのルトガー・ブレグマンが著わした『Humankind 希望の歴史』は、人間の「性悪説」を見事に覆してくれる。

彼は有名なスタンフォード大学の囚人実験や、ミルグラムの電気ショック実験などの欺瞞(ぎまん)を暴いた。人間の本性を悪だと考える人たちが信じている歴史的なエピソードのウソを豊富に紹介しており、人間は本来助け合う心に満ちていると実感できる。この本は、人間の本性を性善説として解釈したら、世界はどう見えるだろうかと問いかけているのだ。

人間は共感力をもって他人同士が助け合うことに喜びを見出し、社会をつくってきた。

この本ではホッブズの「万人の万人による闘争」も、ダーウィンの「自然淘汰」の社会進化も懐疑的に見られている。まさにその通りなのではないかと私も思う。

しかし、いまだに、戦争は避けられない、戦争は人間の本能だ、と考える人々は多い。この「戦争は人間の本性だ」という考えには、ある背景がある。

オーストラリアの人類学者、レイモンド・ダートは、一九二四年に南アフリカで、約二五〇万年前のアウストラロピテクス・アフリカヌスという人類の古い化石を発見した。そしてダートは、第二次世界大戦直後の一九五〇年代になって突然、人間にとって戦争はずっと古い現象だったと言い始めた。

ダートは、二〇〇万年前、猿人の時代から人間は戦い合っており、その証拠として古い人類の化石を見つけたのと同じ場所で頭蓋骨が陥没している化石を見つけた、人類は石器のような道具を使う前に動物の骨を道具にしていたと主張した。頭骸骨の陥没は、骨でつくった棍棒で人間同士が殺し合っていた跡と見なして、だから戦争は人間にとって本性なのだ、というのである。

しかし今、この仮説は完全に否定されている。ダートは動物の骨を使って撲殺したと主張したが、その傷は、洞窟内の岩石が落下した結果できたもので、頭骨にあいた穴は、ヒョウの牙とぴったり一致したため、ヒョウに食べられたものだとわかった。つまり自然災害や他の動物の餌食になっていたことが証明されたのだ。人間同士が殺し合った跡ではないことが多くの人類学者、生物学者の調査・研究によって明らかになり、ダートの説は間違いだったとわかった。

人間が初めて狩猟のために石器を使用して槍をつくったのは五〇万年前である。しかもその頃の石器はただ木の先につけられているだけで、投槍ではなく、殺傷力も低かった。人間が狩猟によって社会をつくったという説もあったが、これも間違っている。人間は狩猟される側として、いかに安全を確保するか、安全のためにいかに仲間と協力するかが集団生活の主な動機だった。肉食動物の脅威から逃れるために仲間同士で助け合い、安全確保を最優先することによって、社会がつくられてきたと考えるほうが自然だろう。

人間が狩猟者になったのは、進化の過程においてはまだ新しいことなのだ。

人間の本性は善であり、共感力を発揮して互いに助け合う社会をつい最近までつくってきたというのが私の考えで、その本質に従えば、もっとその方向性を伸ばせるのではないだろうか。歴史の見方を誤り、戦争を本能だと肯定してしまう人たちがいるが、間違いであることは広く知られるべきだろう。

第六章

「棲み分け」と多様性

——今西錦司と西田幾多郎、平和への哲学

今西自然学と西田哲学

かつて哲学の役割は、この世界がどのようにできているかについての解釈と、人間の生きる意味を教えてくれることで、多くの人が人間は他の生物とは異なる特別な存在だと考えていた。

西洋では自然科学が発達し、一八世紀には産業革命が起こって、都市文明が築かれていった。しかし二〇世紀中盤に、すべての生物はDNAという遺伝子によってつくられており、人間も同じだとわかると、人間の解釈は生命科学の領域に任されるようになった。

さらに、DNAが四つの塩基の組み合わせによってできていることがわかり、ミクロとマクロな世界観が広がりを見せ、情報通信技術が発達すると、世界の解釈は情報学の領域と見なされるようになった。今日、哲学の存在意義は急速に弱まっているように見える。

そんな中で、フランスの地理学者オギュスタン・ベルクは風土学を提唱している。「風土」という語はもちろん和辻哲郎の『風土　人間学的考察』を土台にしている。ベルクはそこに、西洋哲学の「主語的」でも、西田哲学の「述語的」でもない、「通態的」な視点を入れて、新たに哲学的な考察による世界観を創造したのだ。

本書で私は、人類がこれまでの歴史過程で誤った道筋を探しだし、これまでとは異なる社会をつくり出す必要があると訴えてきた。そのためには、人間とは何か、社会とは何か、といった根源的な問いを捉えなおし、模索する必要がある。

日本の霊長類学を切り開いてきた今西錦司は、戦時中の一九四一年に徴兵を予感し、遺書代わりに『生物の世界』を著わした。この本の冒頭には「この世界の構造も機能も、元は一つのものから分化し、生成したものである」という今西思想の基本となる原理が示されている。

今西錦司氏（写真：共同通信）

今となっては当たり前の考え方だが、まだＤＮＡが発見される前の段階で、無機物からなる地球や宇宙の生成をも含んだ壮大な構想にすでに辿り着いていたのは驚異的だ。

プロトアイデンティティ（原帰属性）という概念もそこから出てくる。これは、甲乙なくつくられた個体同士の間で、同じものであると認め合う働きのことであり、生まれつきそなわったものという考えだ。種というものは、まず同質性によって、それが長期間にわたって安定していることが基本となっている。

これは個体同士のわずかな違いが繁殖力の差を生み、それが自然選択を経て新しい種に分化する、というダーウィンの考え方とは根本的に異なる。

すべての生物は元々一つのものから分化したのだから、互いに認め合う能力を持っているはずで、だからこそ別々の種に分化しても認め合い、共存できると見なす考え方だ。

しかし、そこには「認め合いの起こる場」がなければならず、その場とは、それぞれの種の生物と一体となった環境だというのである。これは、今西がヒラタカゲロウの観察によって発見した「棲み分け」という現象から導き出した考えである。

こうした「認め合い」「棲み分け」「共存」といった考えは、「競争」「適応」「淘汰」といったダーウィンの進化論とは対照的なものだ。ダーウィンは、環境とは生物にとって一方的に影響を与えるもので、それぞれの種の個体が環境に適応することによって淘汰が機能すると考えた。

しかし今西は、生物と環境は一体であって、それぞれに影響を与え合うものと見なした。実は、この考えには哲学者の西田幾多郎の影響が見て取れる。

今西の著作に西田の名前は出てこないが、八二歳になった頃に生物物理学者である柴谷篤弘との対談本『進化論も進化する』の中で、西田の哲学論集の第二巻にある生物論を繰り返し読んだと述懐している。この生物論とは、西田が一九三七年に出した「論理と生命」のことで、「生命が環境を変ずるとともに、環境が生命を変ずる」という文章がある。

西田は「即」という語をよく用いた。時間即空間、空間即時間や、構造即機能、機能即構造などである。今西も『生物の世界』の第二章「構造について」で、「構造と機能との相即が生物存立の根本原則」とし、「われわれにとって唯一なわれわれの世界とは、そこに万物が存在しかつ万物の変化し流転しつつあるこの空間的即時間的な世界である。生物は死んだ瞬間からその身体が解体をはじめるであろう。生物がもし生きたものとしてこの世界に存在しようとするならば、この解体に抗してその身体を維持し、その身体を維持するためにその身体を絶えず建設していかねばならぬ」と記している。

西田幾多郎氏（写真：共同通信）

経済学者の川勝平太は、この「即」という語を哲学者の山内得立のレンマ論から引き、英語で「as」に当たり、日本語では「〜として」という見立ての論理であるという。ベルクは見立ての論理の例として、「瀟湘八景」を原型にした「近江八景」を挙げている。中国宋時代の洞庭湖の風景が日本で見られるわけがない。しかし、近江の風景をそれに見立てることによって、中国の風景がイメージとして重なる。それは述語の論理であって、決して西洋の主語の論理ではない。しかもそこには、ベルクが唱える「通態的」と言える日本の自然観、生活観が潜んでいる。

川勝は風景以外にも、落語に見られるように扇子をお銚子に見立てたり、日常生活で降る雪を散る花に見立てたりする例を挙げている。見立ては、日本人の生活感覚に深く沁みわたっているのである。

時間即空間、空間即時間とは何か

生物学者の福岡伸一は、西田哲学の流れをくむ池田善昭との対話の中で「時間と空間という相反する秩序がこの世界において一つになっている」ことを、西田が「絶対矛盾的自己同一」と呼んだと解釈した。「生命とは要素が集合してできた構成物ではなく、要素の流れがもたらすところの効果」であると言い、その例として細胞膜を挙げている。

細胞膜は、物質の移出入が同時に起こる、内側でも外側でもない場所である。物理学第二法則（エントロピー増大の法則）によれば、すべての秩序は崩れていく運命にある。生命は、その運命に抗して、細胞膜からなる秩序を維持しなければならない。その本質は、秩序を強化して守ろうとするのではなく、絶え間なく自らを壊して再生する流れの中に置くことだと言うのである。それが西田の言う「絶対矛盾」であり、「場所の論理」すなわち「あいだ」のことだというわけだ。池田は「時間は空間に包まれながら、逆に空間を包んでいる」と言い、西田の言う「行為的直観」とは、過去から未来へ時間が流れるのではなく、未来から過去へ流れることを感じ取ることだと説明している。福岡はそれを「先回り」、すなわち「未だ来たらざるものであるが現在において既に現れているもの」を感じ取る能力と見なした。

福岡が言うように、近代科学は時間を単に空間化して（直線と点に置き換えて）、幾何学的に見てきた。しかし、生きるという働きに立脚して見るならば、その働きは行為的に見られるものでなければならない。生命における時間というのは、生きる行為の上で、未来のほうからこちらへ向かってくるものがなければならない。時間とは、生きる行為にとって直観的に感じ取られるものであるはずだ。これが時間即空間、空間即時間の意味である。

「死物学」ではない「生物学」を

かつて昆虫少年だった今西は、昆虫を集めて標本箱に留めている自分の行為を「死物学」と反省し、これからは生きている生物の研究として「生物学」をやろうと決心した。

生物を分類しようとすれば、その動きを止め、体を部分に分けて比較しなければならない。しかしそれでは、生物を部分的にしか理解したことにならない。分類学に限らず、生態学も生理学も行動学も、生物のある動きや働きを取り出して分析する。それでは生物の本質である「生命の流れ」や「自らを壊しつつ創造する」能力、「未来を先取りする」能力を知ることはできない。生命とは「絶えず動くもの」だ。西田の思想に出会う前に、今西はそれを自然観察から理解していたのである。

この理解を前提にすれば、構造即機能という概念もわかりやすくなる。構造は空間的なもので、機能は時間的なものだからである。それを今西は採食と繁殖を例にとって説明している。

食物は空間的に散らばっているが、繁殖は時間的に推移する。どの生物の体をとってみても、栄養に関連する器官のほうが、繁殖に関した器官よりも大きい部分を占めているし、どの生物の一生を考えてみても、栄養のために費やす時間のほうが、繁殖のために費やす時間より多い。そのため、空間的な知覚が、時間的な知覚より優先されてしまうというわけだ。

しかし、それは本来分けられないものであり、生物はそれを同時に知覚する能力を持っている。その能力を、西田は「行為的直観」と呼び、今西は「主体性」と呼んだ。「主体性」という概念には、生物と環境との関わりについての考えが色濃く反映されている。和辻も西田も今西も、人間を含む生物と環境は、切り離せないものと考えた。これは西洋的な「主体化」の論理とは明らかに異なる。西田の言葉を借りれば、「一つの主体が他を否定することで、技術や市場が生み出す画一的な『環境世界』ができあがる」。科学的態度とは、対象を見ている主体があり、その主体から切り離された対象があり、主体がその対象を観察して分析することで生み出される。環境を客観視できるからこそ、近代科学は人間の都合のいいように環境を改変できたのである。

これに対して今西は、生物と環境は不離不即な関係にあると考えた。「生活の場という意味は、単なる生活空間といったものを指すのではなくて、それはどこまでも生物そのものの継続であり、生物的な延長をその内容としていなければならない」「絶えず働かねばならぬ生物の生活とは、環境の同化であり世界の支配であり、それは結局生物に具（そな）わった主体性の発展ということにほかならない」「変異ということそれ自身もまた主体の環境化であり、環境の主体化でなければならぬ。生きるということの一表現でなければならぬ」と述べている。

今西たちのような考えは西洋にもある。ドイツの生物学者で哲学者でもあるヤーコプ・フォン・ユクスキュルは、一九三四年に刊行した『生物から見た世界』という書籍の中で、それぞれの動物はその種に備わった能力を用いてそれぞれ別々の「環世界」を認知しながら暮らしているという趣旨のことを書いている。

つまり、あらゆる生物は住んでいる環境と切り離せない関係にあり、それぞれの種はその環境を担い込んでいる。われわれ人間にとっての環境は、イヌやハエの環境とは違うものなのだ。そして、それぞれの種によって認知された環境は、その種の個体の感覚を通じてアフォードし、その種に独特な「生活場所」、すなわち「環世界」を形づくる。主体と環境との双方向の働きかけがあり、細胞膜と同じように同時に起こるので分けることができない。つまり、それは「即」、すなわち「〜として」「あいだ」の論理である。

この「あいだ」の論理は、日本の霊長類学がその草創期に据えた課題を考えるのに重要な概念である。山内得立によれば、それは西洋の排中律ではなく、容中律の考えに立脚しているからである（服部英二は、『地球倫理への旅路』で容中律をよりその概念に近い「包中律」と呼んでいる）。

テトラレンマという、ナーガールジュナ（龍樹）が『中論』で説いた四段論法がある。「AはAである。Aは非Aではない。AはAであり、且つ、非Aでもある。AはAでもなく、非Aでもない」という四句から成っている。前の二句が排中律、後の二句が容中律である。山内は後の二句の順番をひっくり返して、両否を両是の前に置いた。両否が最後であると、もう何もできなくなるが、両是であれば、いろいろな可能性が開けてくるからである。

山内得立は一九七四年『ロゴスとレンマ』の中で、この容中律について説明している。二つの対立する考え方の間で身動きが取れなくなることをジレンマという。これは「ジ・レンマ」、レンマが二つだ。テトラレンマには四つのレンマがある。ジレンマは「AはAである、Aは非Aではない」、つまり二元論で二者択一しかない。龍樹、そして山内得立は、もう二つレンマがあると考える。「Aと非Aのどちらでもない、どちらでもある」が容中律で、ぐっと思考の幅を広げる。日本人は「鳥獣戯画」のようなカエルやウサギやサルの絵を見て直感的に人間のドラマとして見立てることができる。それは私たちが絵の中に入り込めるからだ。どちらかしかないではなく、どちらもある状態、つまりサルでもあり人間でもある、またカエルでもありながら人間でもあるということだ。

これを生物と環境との関係でいえば、同じ植物であっても、イモムシにとっては食べ物であるが、アリにとっては住み処であるというようなことが起こる。こうした例は、生物界にはいくらでもあり、今西はこの論理に基づいて生物の進化を考えたのである。

すべての生物に別の「社会」がある

日本の霊長類学がその草創期から重要なテーマに据えた「動物社会の進化」は、この「あいだ」の論理を前提にしている。

西洋の思想は社会も文化も人間にのみ与えられたものと見なしていた。新約聖書の「ヨハネによる福音書」の冒頭に「はじめに言葉ありき」と記されているように、万物は言葉によって成り、それを治めるのは言葉をしゃべる人間だけである、という考え方が支配的だったのだ。

言葉によって意識が生まれ、意識によって社会も文化もつくられる。だから、西洋的な言葉を持たない動物たちは社会も文化も持たないという考え方と、自然との断絶はとてつもなく深い。昔話や寓話においても、西洋では人間が魔法によって動物の姿に変えられることはあっても、動物が人間になることはほとんどない。そのため、一九世紀にダーウィンの進化論が登場した後も、動物と人間の進化的連続性を認めるのに長い時間がかかった。一七世紀のデカルト以降、自然は物理化学の法則にしたがう機械的なもので、刺激に対して一様に反応するシステムとして動いていると考えられていたのである。

一九世紀に盛んになった社会学も、人間の営み、特に道徳や社会制度について扱う学問であった。進化論を人間の社会に応用して家族の進化を論じたルイス・ヘンリー・モルガンのような文化人類学者に対しては、フランツ・ボアズをはじめとする文化相対主義者たちから「社会の要素を取り出して相互に比較し、どちらが原始的というような評価を下すべきではない」という反論が巻き起こった。その結果、進化論は人間の社会を対象にしないという暗黙の了解が西洋の思想界にはでき上がった。

二〇世紀になっても、ジョン・ワトソンやイワン・パブロフのように、動物の意識ではなく、行動そのものを対象として本能や刺激反応系を調べる行動主義心理学が主流となったし、言語の起源の研究を禁じた一八六六年のパリ言語学協会の決定は、一〇〇年以上も影響力を持った。それは、二〇世紀前半を代表するスペインの思想家ホセ・オルテガ・

イ・ガセットの"Man has no nature, what he has is history"（人に自然はない、あるのは歴史だけだ）という言葉に代表されている。

これらの考え方には、人間と人間以外の動物の「あいだ」がない。言葉を持ったとき、人間は社会も文化も持つ可能性と必然性を手に入れたわけで、その起源を問うても意味がないと見なすものだ。西洋の学者は、今でも人類が言葉を持った出来事を「認知革命」と呼び、それ以降の人類を、真の意味での人間と見なす傾向がある。

しかし、今西は全く違う立場から出発した。

人間以外の動物、いやすべての生物に「社会」を認めようというのである。

生物は生まれつき同種の個体を認知する能力があり、それらの個体が環境に働きかけることを「主体性」と呼び、それぞれの種が環境と織りなす「生活の場所」を通じて特異的な社会を持っていると考え、それを「種社会」と名付けた。人間の社会もその一つに過ぎないとすれば、進化の過程で人間の社会に移行する「あいだ」の社会があることになる。だからこそ、今西は人間以外の動物の社会を比較検討する必要性を強調し、動物社会学を起こしたのだ。

第二次世界大戦中に内蒙古でモウコノウウマ（ノウマの亜種）を見て、その社会性に興味を持った今西は、戦後に京都大学の学生を引き連れて、宮崎県の都井岬で半野生馬の調査を開始する。その途上でニホンザルに出会った川村俊蔵と伊谷純一郎は、その群れの見事な隊形に目を奪われた。それを聞いた今西は、動物社会の研究をニホンザルに絞る決意をする。その目的は、ニホンザルの群れの中に、構造のある社会の存在を確認することと、人間の文化につながる行動を発見することであった。

調査のため、一頭一頭のサルに名前を付けて識別し、それぞれのサルたちの社会交渉をひたすら記録した。その際、彼らは『シートン動物記』をモデルにして、自分たちをシートニアンと呼んだ。日本では広く知られているこの動物記は、一九世紀末にアーネスト・トンプソン・シートンによって編まれたもので、シートンが自分の自然観察と猟師や牧場主に聞き込んだ話をもとにした八編の動物の物語である。目立つ動物には名前が付けられていて、オオカミやキツネやウサギたちが、まるで人間のような感情を持って助け合い、彼らを追い詰める人間たちと戦う姿が描かれている。

『シートン動物記』は日本でも有名になり、多くの少年少女たちが愛読者になって動物学者を目指した。しかし、欧米でのシートンは文学者という位置づけであり、動物学に貢献したとは見なされなかった。シートンは動物たちの生態を事実に基づいてかなり正確に描いていたものの、動物に名前を付けてその意識を描写した点について、擬人的に過ぎるという評価を受けたのである。

社会的知性は「言葉」以前に

今西たちの個体識別によるニホンザル社会の調査も、欧米の学者から擬人的だと非難を受けたが、結果的には欧米の研究を一〇年以上先んじる大成功を収めた。

最初の論文は英語の学術論文ではなく、『日本動物記』という四巻からなる日本語の書物であり、ニホンザルの他にウマやシカやウサギなどの動物の社会が科学的に描かれていた。彼らがいかにシートンに敬意を払っていたかが窺えるし、この世界初の挑戦をまずは日本語で確立しておこうという意気込みが感じられる。

最初に出たのは伊谷純一郎の『高崎山のサル』で、思索社版のあとがきでは今西が「シートンはおおむね英雄をえがいて、動物の社会をえがきだしていない。猟師の記憶にのこるのも、とくに目立った個体にかぎられている。その他大勢ともいうべき連中に注意を向けることは、いままで、すっかり忘れられていた。われわれは、文学よりも科学を求めるものであった」と記している。この本で伊谷は、大分県高崎山のニホンザルが直線的な順位序列を持ち、メスの血縁関係を認知しながら家系でまとまりを持ち、オスはリーダークラスともいうべき役割を担った個体が群れの中心部を構成していることを明らかにした。

本書の第二章でも、宮崎県の幸島でのサルの「イモ洗い行動」や、ジェーン・グドールによるチンパンジーの道具使用行動を紹介したが、これらは、人間だけのものとされていた文化を、動物にも認める端緒となる発見であった。これも「あいだ」を前提としてサルの行動を見つめた成果だと言えるだろう。

こうした日本の霊長類学者やグドールの個体識別による観察方法は、次第に野生霊長類ばかりでなく野生動物の調査に不可欠な方法として認められるようになった。

今西たちは人間と動物の間に存在する社会と文化の萌芽を見つけ出し、社会的知性には言葉が不可欠ではないと示したのである。

次に、今西たちが取り組んだテーマは、人間社会の普遍的な要素である、家族の起源を探し出すことだった。

その最初のターゲットはゴリラで、一九五八年から六〇年にかけて三回にわたってアフリカの熱帯雨林で調査を行った。これは一九世紀末の文化人類学者の野望を、動物学から果たそうという試みだった。

白人文化の優位性を証明しようとして批判されたモルガンたちのあやまちは、現代の人間社会を比較することで家族の原型を導き出そうとした点にある。その違いはどれも現代人の社会の多様性であって、進化の結果ではない。

今西たちは、社会の進化を追求するには、人間以外の動物の社会を調べ、人間社会との「あいだ」を見定めることによってその祖型を描きだす必要があり、そこから家族という人間社会に普遍的な単位が進化してきた過程を類推できるのではないかと考えたのだ。

今西は当時判明していたサルや類人猿の社会についての断片的な報告から、人間の家族の成立に必要な条件（外婚制、近親相姦の禁止、男女の分業、近隣関係）を挙げ、この条件をほぼ満たしていると思われるゴリラの社会に「類家族」という名を与えた。この挑戦は一九六〇年にゴリラの生息するアフリカ諸国が次々に独立戦争を起こしたことで断念せざるを得なくなり、ターゲットをタンガニーカ湖畔のチンパンジーに移したことで、人間社会の別の側面に関心が集まるようになった。チンパンジーには家族にあたる社会単位が見当たらず、その代わりに道具使用、狩りと肉食、食物分配、政治的な駆け引きなど、人間的な知性を伴う行動が次々に発見されたからである。

その後、ゴリラの調査は米国のダイアン・フォッシーによって再開されたのだが、ゴリラの集団は今西が予想したような外からオスが入ってくる「入り婿」による「類家族」ではなく、メスが集団間を渡り歩いて子どもを残していく特徴を持っていた。これはチンパンジーとも共通する特徴だ。とすると、人間の祖先も同じような性質を持っていたかもしれない。

ゴリラは対等を重んじる

私は一九七八年からアフリカの熱帯雨林のあちこちでゴリラの調査をはじめ、フォッシーにも指導を受けながら、ゴリラの生態や地域による社会の違いを調査した。その結果、ゴリラの社会には内因と外因による変異があり、群れの大きさや遊動域には外因が、群れの構成やメスの移籍様式、子殺しの有無には内因が強く働いていることを明らかにした。

ゴリラの社会にも内因として歴史的過程が大きく影響しており、環境変動がきっかけになって、人為による影響を含む生態的な外因も大きく働いている。ただ、メスが親元を離れて異なるオスの元を渡り歩くという特徴はどの地域にも普遍的にみられる。そのメスの動きにオスがどう反応するかによって、群れの構成や大きさが変わるのである。さらに、メスが渡り歩くという共通な性質にオスがどう対処するかによって、ゴリラのような単雄複雌群、チンパンジーのような複雄複雌群、人類のような複数の家族からなるコミュニティ、といった異なる社会が進化したのではないかと考えるようになった。

今西の考えにしたがえば、進化には認め合いの起こる「生活の場」が必要である。

ゴリラとチンパンジーは同じアフリカの熱帯雨林で異なる社会を進化させた。その過程を推測するために、私は環境の異なる山地と低地で同所的に暮らすゴリラとチンパンジーの調査を行った。すると、これまで生態的に異なる特徴を持つと思われていた両種が、よく似た食性や土地利用をしていることがわかってきた。

ただ、同じ果実を好むとはいえ、その食べ方は異なる。ゴリラは群れでいっしょになって果樹を渡り歩くのに対して、チンパンジーは個体単位で特定の果樹を繰り返し訪問する。ユクスキュルの言い方にしたがえば、同じような「環世界」で暮らしていても、それを利用する社会を変えることによって違いを認め合い、共存しているのである。一方、人類の祖先はアフリカの熱帯雨林を離れ、木の少ない地域や草原というゴリラやチンパンジーとは違う「生活の場」へ進出して、社会を大きく変えた。そして、七〇〇万年もの間に様々な社会を実験的につくってきた。その最終型が複数の家族を含むコミュニティなのである。

ゴリラの調査で私が大きな感銘を受けたのは、ゴリラが示す共感力と、それを用いた対等な社会の在り方だった。

　相手の目を見つめることが威嚇（いかく）になるニホンザルと違って、ゴリラは互いに顔を近づけて見つめ合うことが多い。この行動は、遊びや交尾の誘い、挨拶やケンカの仲裁によく使われる。

　ニホンザルは直線的な優劣順位を常に行動に反映させて暮らしているので、食物を前に向かい合うことができない。優位なサルが劣位なサルを見つめて退かせ、食物を独占する。劣位なサルは別の食物を探しに行くか、優位なサルが食べ終わるのを待つしかないのだ。

　しかし、ゴリラは食事の際に対面する。しかも、時折大きなゴリラが小さなゴリラに食物を分配することもあるのだ。これもチンパンジーと共通する特徴で、サルとは一線を画す行動の一つである。

　さらに、ゴリラ同士がケンカをしそうになると、体の小さいメスや子どもたちが介入して引き分けさせる。ニホンザルたちはケンカの際、優位なサルに加勢してケンカを終わらせる傾向があるのだが、ゴリラは勝ち負けをつけずに、対等に引き分けさせるのである。しかも、ケンカをしている両者よりも体の小さいゴリラが仲裁者になる。

　これは面子と対等性を重んじるゴリラ社会の基礎となっている。このような方法が可能なのは、子どもたちを体の大きさに関係なく対等に育てるからである。母親がメスの子どもの社会的地位に影響を与え続ける母系社会のサルと違い、非母系社会のゴリラでは母親が離乳した子どもから離れてしまう。代わってオスが乳離れした子どもを思春期まで育て、子ども同士のケンカを仲裁し分け隔てなく対等に付き合わせる。そうやってゴリラの子どもは、体の大きさの差ではなく、対等な関係が社会をつくっていると学ぶのだ。

「人間の本性は暴力的」というウソ

家族の進化を考えると、人類の社会が共感力を高めて次第に集団の規模を大きくしてきた過程が浮かび上がってくる。それは、食物に乏しく、危険な肉食獣の多い草原という過酷な環境で、高い身体能力も武器も持たない人類の祖先が生き延びるために獲得した社会力だった。しかし、その社会力の発達を、つい最近まで狩猟能力や闘争力と見なしてきた歴史がある。私はそこに現代の人間と社会に対する大きな誤解が潜んでいると思う。

第五章で紹介したが、二〇世紀の初めに猿人の化石を南アフリカで発見したレイモンド・ダートは、第二次世界大戦後に「骨歯角文化」というものが現代人につながる人間性のもとになったと主張し始める。まだ武器になる石器も出ていない時代だが、人類の祖先は獣骨を武器にして戦い合い、互いに殺し合う攻撃性を身に付けていたというのである。

この説をもとに劇作家・脚本家だったロバート・アードレイは『アフリカ創世記』を著わし、人類の闘争と殺戮(さつりく)の歴史を描いた。人間は古い時代から戦うことで秩序をつくり、それは狩猟によってもたらされた。人間は狩猟によって進化を遂げた、狩りをするために組織をつくり、計画を練って知能を発達させてきた、と唱えたのだ。『アフリカ創世記』は、大きな話題となり、スタンリー・キューブリック監督の映画「２００１年宇宙の旅」にも影響を与えた。

しかし、その後の先史人類学者たちの調査で、この説が否定されたことはすでに述べた。人間以外の霊長類を見ても、日常的に互いを殺し合うほどの強い攻撃性で社会をつくっている種はいないと考えられている。

また、ホセ・マリア・ゴメスたちの哺乳類の系統樹分析では、種内暴力による死亡率は全哺乳類では〇・三パーセント、霊長類の共通祖先では二・三パーセント、類人猿の共通祖先で一・八パーセントぐらいしかなく、人類になっても旧石器時代くらいまで二パーセントで安定している。それが、新石器時代、とくに三〇〇〇年前以降の鉄器時代に入ると一五から三〇パーセントと急に跳ね上がる。つまり、暴力によって殺し合う人間の精神性はつい最近の傾向で、しかも大規模な都市国家や武器の登場とともに現れてきたことになる。

ところが、一般の人々はまだ「人間の本性は暴力的」という仮説を信じている。二〇〇九年にノーベル平和賞を受賞したバラク・オバマ元米大統領も、その受賞演説で「戦争は、如何なる形にせよ、最初の人類と共に現れた。歴史の黎明期には、その道義性は問われなかった。それは旱魃や疾病と同様、単なる事実に過ぎなかった」と語っているのである。また、一九世紀にゴリラが欧米人によって「発見」されて以来、一〇〇年以上も「獰猛で好戦的な悪魔の化身」として扱われてきたのも、人間の過去の暴力的な姿を受け継いでいると見なされたからに他ならない。

ゴリラと同じくアフリカの人々は、「野蛮で暴力的な性質を持っている民族」と差別され、植民地政策の口実にされた。当時の人々は、自然状態の暴力性を法の力によって克服することが文明の役割だと信じきっていたのだ。その欧米中心の考え方は、現代でも色濃く残っている。いかにこの考えが私たちの人間観に深く根付いているかがわかる。

しかし何度も繰り返すように「人間の本性は暴力的」という考えは明らかに間違っている。

人間以外の霊長類が社会をつくる主な理由は、食物を効率よく探すため、外敵から身を守るためである。同種の仲間からのハラスメントや子殺しが社会を変える影響力を持つ場合もあるが、一部の霊長類に限られているし、大規模な環境変動によって引き起こされることもある。

戦争のように、集団のために命を投げ出して同種の敵と戦うような行動は、人間にとって極めて新しいものなので、まだ変更可能な性質なのだ。しかも、狩猟に用いる攻撃性（経済行為）と集団間の争いに用いる攻撃性（社会行為）は明らかに異なり、それが混同されるのは言葉が現れてからである。

繰り返しになるが、私は、長い狩猟採集生活を通じて人間の生存確率を高めるために必要だった共感力が、言葉の登場と定住化によって方向性を変えて力を増し、文明の発達とともに所有権を争う暴力となって噴出し始めたのではないかと考えている。つまり、人間の身体と同じく、自然との接点を失い、人工的な環境がコンフリクトを起こして、不協和音を発し始めているのが暴力だというわけである。

その状況を改善するためには、人間と自然との関係を見直すことが必要である。日本人の自然観には、その重要なヒントが隠されている。

日本人の自然観

日本の自然には「見立て」や「あいだ」の概念が織り込まれている。

例えば、里山という場所も「あいだ」の思想によって生み出されたものである。これは先ほども触れた容中律の原理に則っている。里山は山でも里でもないし、山でも里でもある、という見方ができるからだ。

里山という語は、二〇一〇年に名古屋で開催された生物多様性条約のCOP10（第一〇回締約国会議）を契機として「SATOYAMAイニシアティブ」という国際的な枠組みになったことで知られるようになった。これはユネスコのMAB（Man and the Biosphere 人間と生物圏）計画の概念とは違う。MABは野生動物の暮らす場所をコアとして人間の生活圏と分け、あいだにバッファゾーン（緩衝地帯）を置くことによって両者の軋轢を緩和しようとする概念である。

これに対して里山は、人間と野生動物のどちらも利用し、出会う、どちらにとっても豊富な資源が得られる生物多様性の高い場所なのである。ここは、ハレ（聖）とケ（日常）のあいだにある場所でもあり、神社や寺がよく鎮座している。

キリスト教は農耕や牧畜のために草地を切り拓いた。そして森や山、川や海は悪霊や悪魔の住み処なので、人が神の力を借りて征服する領域であると考える。ギリシャやローマ時代までは海にも神がいたが、キリスト教になってからの海は怪物のいる場所になった。

一方、多神教の日本にとっては、山も森も海も神々の領域で、恵みをもたらす源泉でもある。里海や海岸も里山と同じように里と海の「あいだ」にある豊かな場所であり、ここで人々は貝を採集し、浅瀬にいるナマコやエビを採り、生計を立てた。山から里に神が下りてくるように、海の神は山の神とつながっており、それをサルとカメが先導すると考えられていた。里山と里海は神聖な場所の入り口であり、そこには鳥居が立てられて、ご来光を拝むという習慣も生まれた。

西田哲学は「場所の論理」「述語の論理」と呼ばれるが、これは「あいだ」を意味する。内側でも外側でもなく、無の場所であって、自覚する（隠れているものに気づく）場所とも言われる。

実は先ほども紹介した、ユクスキュルの「環世界」も、今西の「生活の場所」も、和辻の「風土」も、はっきりとその輪郭や境界が認知できる領域ではなく、「あいだ」として働く場所である。西田はこれを感知する日本人の情緒を、「形なきものの形を見、声なきものの声を聞く」と表現した。世界の中に隠れている根源的な動きは、われわれの目や耳で一時的に捕まえて可視化できるだけなのだ。

動的なイメージから実在を認識し、その形や色が、「形や声なきところ」から湧きあがり、また去っていく遷移的な動中にあるものと見なす。日本の文化には、「情的」で「動的」な特徴を表現しているものが豊富にある。

その感性は日本の絵画にも反映されており、余白を大胆に用いた雪舟や上村松園の作品が代表的なものとして挙げられる。余白という一見無の画面に、花鳥風月や人々が行き交う世界を想像するのである。

「あいだ」は「見立て」の精神によって支えられている。能でこの世とあの世の世界が演じられるのも、人形浄瑠璃で人情劇が繰り広げられるのも、「あいだ」をつなぐ「見立て」がなければ成立しない。川勝は歌舞伎も宝塚も「あいだ」を「見立て」ることによって成立する世界であり、そこには女でも男でもない（もしくは「女でも男でもある」）世界を容認する容中律の原理が働いていると指摘している。ベルクは、日本家屋にある縁側は内でも外でも「ない」（あるいは「ある」）場所であり、ここで家人は来客と気楽に接することができていると指摘する。

こうした「あいだ」と「見立て」の考えには、「存在とは常に移りゆくもの」という輪(りん)

廻（ね）転生の思想が基本としてある。そして、死者も生者も、生物も非生物もあらゆるものがつながっているという縁起の思想が底流としてあるので、主観、客観という二元論には陥らない。

　例えば、川はこの世とあの世を分ける境界として見立てられるが、三途の川には渡し船があって料金は六文である。この川は線ではなく領域として幅がある。実際の川にも渡し守がいたり、橋が架かっていたりして、どちらの側にも属さない（あるいはどちらの側にも属す）領域である。神社でも、鳥居から神殿までには一定の距離が置かれており、ここでお参りをするものは禊（みそぎ）をして心身を清めるものとされている。

「見立て」の最たるものは鳥獣戯画に始まる漫画の伝統だろう。平安時代の末期に描かれたとされるこの絵巻は、サル、ウサギ、カエルなどの動物が写実的に、しかも人間らしく感情豊かに描かれており、まさしく「あいだ」の技法を高度に洗練させた傑作と言える。この見立ては、今世界で大人気となっている日本の漫画に技法も精神もしっかりと受け継がれている。

　また、この情緒はロボットやアンドロイドに高い人間的な感性を「見立て」てしまう日本人の特徴にも、さらに世界に普及しつつあるコスプレの流行にも反映されている。盆栽は自然にある樹木を見立てたものだし、こけしは人を見立てたものだ。これらすべてに魂が宿り、人がつくった道具や家具であっても生き物と同じように魂が入ると見なすのは、八百万の神を信ずる日本の特徴であろう。

日本の神社や仏閣が西洋の教会と決定的に異なるのは、敗者をまつることが多いところかもしれない。一神教の教会やモスクが勝利を祈願して、あるいは勝利を祝して建立されるのと対照的に、日本の神社の約半分は敗者の呪いを怖れて建てられたものである。寺も謀反を起こした者やその縁者が出家して隠棲する場所であった。

それほど日本人は戦いに敗れた者たちの怨恨を感じ、その負の影響を怖れていたのである。これは勝者をたたえ、それをもとに社会を立ち上げようとする欧米の思想とは大きく異なる特徴といえるだろう。

こういった日本人の心身に染み付いた情緒は、なにかにつけて自己が確立されていない集団主義的なもので、近代市民としての自覚が足りないと非難の対象になってきた。確かにそういう一面があることは見逃せないし、明治維新から第二次世界大戦まで日本がたどった歴史を見ると、その負の側面が悲劇を生んだと言わざるを得ない。

しかし、自我の確立と客観視によって個人の欲望を拡大させてきた西洋近代の古典的パラダイムが行き詰まっているのを見ると、日本や東洋の思想をもう一度見直し、その良いところを取り入れて世界観や人間観を再構築できないかと感じるのである。

さらに、近年これらの日本人の情緒が次第に薄れ始めていることも懸念される。日本人の感性は、日本に独特な自然と一体になって発達してきた。それが、明治の開国に伴って西洋の自然観が勢いよく流入し、風景の読み方が一変した。その好例が山や海に関する見方である。

江戸時代まで山は神々の座とされ、登頂するのは修験者や山伏たちに限られていた。しかし、西洋からアルピニズムやスキーの文化が入ってくると、日本でも登山熱や高原志向が高まり、山は冒険やレジャーの場所に変わった。白樺並木や雪景色が美しいものとして人々の目に映るようになった。広葉樹が雑木として見下されて伐採され、スギやヒノキなどの生長の速い針葉樹が有用材として植林され、山の景色は一変した。

日本全国に道路網が敷かれてスーパー林道（特定森林地域開発林道）やトンネルが山々を貫き、奥山まで人々が気軽に足を運べるようになった。大きな橋やダムが河川にかかり、水の流れはあちこちでせき止められた。魚群探知機を積んだ大型の漁船が各地で操業をはじめ、あちこちで港が整備された。松林や砂浜で縁取られていた海岸線には防波堤が立ち並び、いたるところにテトラポットが埋め込まれて人工的な海岸と化した。さらに宅地造成や工業団地の開発により、各地で海岸は埋め立てられて土地は大きく変形した。

そして、里山も荒廃した。農林業が廃れ、大規模な工業化によって若者が都市へと吸い寄せられて人材不足になり、山間部にあった畑が次々に放棄された。鉄筋コンクリートやプレハブの現代建築がはやり、里山で建材を入手する必要がなくなったことも追い打ちをかけた。人手が入らなくなった里山に動物たちが住み着き、そこを根拠にして次々に里へ出没するようになった。

もちろん、近代の歩みには便利になった側面も大いにある。しかし、山や海の神聖さが失われ、里山や里海がハレとケの「あいだ」としての機能を果たさなくなったのも事実だ。かつての日本の風景は、歌や絵画や写真の中でしか出会えなくなりつつある。それとともに、日本人の情緒も失われつつあるのではないだろうか。

第七章

「共同体」の虚構をつくり直す

――自然とつながる身体の回復

崩壊する地球と人間の未来

地球は今、崩壊の危機にある。

現代は人新世（Anthropocene）という新しい時代区分に分類される。最近地質学者たちはこの始まりを一九五〇年代とした。人為的な活動が小惑星の衝突や火山の大噴火に匹敵するほどの影響を及ぼしている時代で、人口の急増、大都市化、工業生産物の大量生産と大量消費、二酸化炭素の増加、温暖化、海洋の酸性化、熱帯雨林の減少といった地球環境の重大な変化が起こっているからである。

二一世紀になってからプラネタリーバウンダリーという考えが登場し、地球にとっての「限界値」を有する九つのうち、大気中の二酸化炭素濃度、生物多様性（種の絶滅率）、人為的に大気中から除去された窒素の量の三つが、すでに限界値を超えていると指摘されている。

二〇一五年に開かれた気候変動枠組条約のCOP21（第二一回締約国会議）では、産業革命前からの世界の平均気温上昇を「二度」に抑える協定（パリ協定）が採択された。加えて、平均気温上昇は「一・五度」を目指すとされ、締約国は削減目標を示すことが義務付けられている。しかし、二〇一九年一二月に開かれたCOP25（第二五回同会議）では具体的な削減数字を国際的に約束させることはできなかった。

なぜ、このような重大な危機に世界各国が合意して真剣に取り組めないのか。その理由は、各国の首長たちが、国際協調よりも自国の経済を優先し、国際競争力を強めて国力を上げなければならないと考えているからだ。しかし、気候変動は干ばつや大雨をもたらして被害を拡大し、それが原因となって国際紛争や大量の難民を生み出している。もはや一国の政策ではどうにもならない状況にある。

この事態をもたらした根本的な要因は、個人の欲望の拡大を目指してきた資本主義優先の思考である。生物の個体数は食物連鎖によってロジスティック曲線を描くように成長する。食物が豊富にあれば急速に個体数は増加するが、やがて食物量とのバランスが取れて安定状態に達し、さらに食物が少なくなれば個体数は減少するので、ちょうどS字カーブを描くというわけだ。

この法則に反して人類が八〇億人を超えたのは、新たなエネルギーを手に入れて食料を増産し続けてきたからである。今から一万二〇〇〇年前に農耕牧畜が始まった頃、人類の人口は五〇〇万人から八〇〇〇万人だった。それが農業による生産、工業革命による石炭や石油などの新しいエネルギーや、電気や化学エネルギーの利用によって生産力は大きく飛躍した。しかし、それは地球環境の破壊という結果を招いた。なぜなら資本主義は資本が拡大し続けることを目指し、そのためなら環境破壊も厭わないからである。

また、資本主義を採用した国家は、自由貿易によって経済力の向上を目標とする。需要と供給のバランスが取れているときはこれがうまくいった。経済力が高まって生産が増えれば、それだけ国民も豊かになる。しかし今の時代は、生産が過剰になり需要とのバランスが崩れている。生産力を高めても売れないので価格を下げざるを得なくなり、そのためにコストを削減しようとして人件費を節約する。その結果、デフレスパイラルに陥り、失業が増え、生産に直接結びつかない労働が増えて人々が生きがいを失っていく。個人あたりの労働生産性は上がっているのに、国全体の生産性は上がっていない。米国のような経済大国でも年あたりのGDP上昇率は二パーセント以下に留まっている。しかも、情報の独占などによっていくつかの企業が極端に利益を上げ、全世界的に経済格差が広がっている。

資本主義と距離を置く

このような現状をどうすればいいのだろうか。

私はまず、資本主義の基になっている還元主義的な考えを改めるべきだと思う。それには人と人、人と自然のつながりを再認識することが必要だ。これまで私たちは自然から距離を置き、自然を操作可能なものとして搾取し、利用してきた。果ては人間自身も、自分の臓器や心までも改造しようとしてきた。

その際、私たちがとった方法は、対象を分類して部分別に切り分け、それらを徹底的に分析してそれぞれの機能を高め、ある目的のために統一して機能を発揮させるように仕向けることだった。しかし、これまで見てきたように、自然も人も部分に切り分けられるものではなく、すべてがつながり合って影響を与え合っていると考えるべきなのである。

前章で述べた西田と今西の生命論にしたがえば、人間も生物も環境に働きかけることによって主体性を持っている。そして、生物同士はその場を共有しつつ、直観を用いて認め合い、棲み分けている。それを感じられる能力、すなわち共感力を人間は特に高めてきた。それを特定の人間に対してだけ用いるのではなく、同種の仲間、異種の生物が広く共存するコミュニティを新たに創らねばならない。

従来の資本主義と距離を置くためには、個人の欲望を野放図に拡大するのではなく、シェアの概念を普及して人々のつながりを強化することが必要になる。個人は一人では生きられない。どんなに物質的に豊かな生活をしていても、仲間をつくれなければ、人間は幸福を感じられない。人間は物質欲求と同じくらい、いやそれ以上に、仲間からの承認欲求が強いからである。これまで人々のアイデンティティは所有物によって表現されてきたし、物のやり取りが人々をつないできた。高価な物を持つ者は社会的に高い地位にあると見なされ、自分にとって大切な物を与えることが信頼の証と思われてきた。

しかし、情報化の時代は所有が意味を持たなくなるし、物を持ち続ける必要がなくなる。物を動かすよりもシェアのほうが便利だし、そのほうがコストもかからない。特に都心部では、自動車を所有せずにカーシェアリングを利用するのは当たり前になったし、シェアサイクリングのサービスも随分と普及しつつある。乗り物を所有する人はこれからさらに減るだろう。

オンラインサイトで盛んにおこなわれている中古品の売買なども、ある意味ではシェアかもしれない。これからは情報とシェアが人と人をつなぐだろう。

もう一つ重要なことがある。これからのＡＩ時代は、労働と生きる意味が分離するだろうということだ。これまで人々は労働によって対価を得て、それによって生計を立ててきた。労働が人々を集め、共に生きる意味をもたらしてきた。しかし、ＡＩやロボットが多くの労働を担うようになれば、労働の質が変わるし、多くの人は労働によって収入を得る必要がなくなる。最低限所得保障であるベーシックインカムの導入が議論されているが、これからはすべての人に対して、生活に必要な資金（または物資）が平等に配られる時代が来るかもしれない。

そんな時代にどのようなコミュニティができるだろうか。

まず、情報化時代には人の動きが加速するだろう。所有物が減れば動きやすくなるし、シェアが増えれば一か所に定住する必要もなくなる。

では、コミュニティもSNSを通じてつくられ、維持されるようになるのだろうか。おそらくそうはならないだろう。SNSは通信手段として利用されるだろうが、コミュニティには「認め合いの起きる場所」が不可欠だからである。そこはインターネット上のヴァーチャルな空間ではなく、自然が豊かで多様性に富む、画一的な予想ができない場所であってほしい。未来のコミュニティは個人がそれぞれ個性を持った存在として認め合わなければならず、そのためには個性を発揮できる多様な環境が不可欠である。インターネットの均質的な空間と違い、常に姿を変え、時間とともに移り行く自然は私たちの予想を裏切り、人々の直観力を導き出して個性を発揮させる。そこには新たな創造が生まれる契機が潜んでおり、コミュニティを刷新させ、活気づかせる原動力がある。

コミュニティがつながる「多極社会」

未来の社会は労働ではなく、自身の承認欲求を満足させるようなボランティア活動が人々の生きる意味となるだろう。そして、人々はそれぞれ複数のコミュニティに属し、それらを渡り歩いて過ごすようになる。これまでのような成長—教育—仕事—趣味といった単線的な人生ではなく、それらを同時に実践するような複線的な人生が主流になるはずだ。

そこで重要なのは、コミュニティの規模をむやみに大きくしないことだ。ここまで書いてきたように、現代人の脳の大きさは一五〇人ほどを上限とした集団で暮らすようにできている。脳の大きさと集団規模の相関関係は言葉が登場する前にできたもので、信頼関係は身体を通じてしかつくれないことを示している。その後に集団規模を拡大できたのは言葉のおかげだが、それは未だにヴァーチャルな関係しかつくれていない。繰り返しになるが、「認め合い」が起きるには場所が必要だし、さらにその数には限りがあるのだ。

一つ一つは小さくても、個人が複数のコミュニティに属することで、さまざまなコミュニティがつながりを持つ「多極社会」ができる。そのうえで“Think globally, act locally”

から、"Think locally, act glocally"へと進める。そういったコミュニティの複合がそれぞれの「場所」である自然との関係を大切にし、地球環境の保全に協力すれば、大きな力になるはずだ。現在の温室効果ガス削減目標のような国単位のものではなく、世界中の人々の信頼関係によって合意された削減目標ならば、必ず実行に移せるはずだ。

日本は今、人口減少と少子高齢化に直面している。さらに、人口の都市集中によって地方の過疎化が進み、限界集落が急増すると予想されている。しかし、少子化の傾向が顕著なのは東京などの大都市であり、人口の地方分散が実現すれば出産率は上がるという試算もある。

京都大学と日立製作所が二〇一六年に共同で開設した「日立未来課題探索共同研究部門」は、少子化や環境破壊など一四九個の社会要因についての因果関係モデルを構築し、AIを用いたシミュレーションにより、二〇一八年から二〇五二年までの三五年間で二万通りの未来シナリオ予測を実施した。

その結果、シナリオは都市集中型と地方分散型に大きく二分された。その社会が持続可能か破局的かの観点から分析すると、今後、八年から一〇年後に二つのシナリオの分岐が発生し、持続可能性では地方分散型シナリオのほうが望ましい発展をすることが判明した。

そして、望ましい分岐を実現するには、労働生産性から資源生産性への転換を促す環境課税、地域経済を促す再生エネルギーの活性化、まちづくりのための地域公共交通機関の充実、地域コミュニティを支える文化や倫理の伝承、住民・地域社会の資産形成を促す社会保障などの政策が有効であるとしている。

グローバル化の先にある社会として、公共政策が専門の広井良典は「持続可能な福祉社会」を提唱し、地域の中でできる限り食料やエネルギー（特に自然エネルギー）を調達し、かつヒト・モノ・カネが地域内で循環するような経済をつくっていくことが必要だと指摘している。まさに私が構想した地域コミュニティの姿に近く、環境にやさしい福祉社会であるとともに、人と自然が互いにつながり合う社会であると言えるだろう。そして、その中にこそ、容中律を尊ぶ「あいだ」の思想が花開く未来が垣間見えるのではないだろうか。それを日本だけでなく、アジアに、そして世界中に広げていければいいと思う。

パラレルワールドを生きる人類

近年、メタバースなどの仮想空間の利用が盛り上がりつつある。インターネット上に現実とは違う仮想世界を出現させ、アバターとなってさまざまな体験ができるようにするものだ。しかし、こうした仮想空間でリアルな体験をすれば、心身に及ぼす影響も出てくるだろう。

　私は一時期、ゴリラの世界と人間の世界を往復しながら暮らしていた。ゴリラの世界の中で、私も一頭のゴリラとして認めてもらおうと、鳴き声やしぐさ、歩き方や食べ方まで模倣した。おかげで人間の世界に戻ったときには、ゴリラのしぐさが身に付いており、人間がせせこましく見えた。言葉による会話もうまくできなかった記憶がある。

　古い時代から人類は、異世界を体験したいという願望を抱き続けてきた。その願望は、人類の祖先が熱帯雨林を出てサバンナに進出し、直立二足歩行によって行動域を拡張したときから始まっている。サバンナに出た他の動物たちは獰猛な肉食動物へ対処するため、体を大きくしたり、素早く逃げる能力を身に付けたりした。サバンナで暮らすゾウやキリンは森にいる近縁種より大きいし、ヒヒやサバンナモンキーは素早く走ることができる。

　しかし人類の祖先は、体を大きくせず、速力を高めなかった。二足歩行は、四足と比べて敏捷性も速力も落ちたと考えられる。それでも人類が生き延びたのは、想像力と企画力、それに共感力に基づく協力ができたからだ。山、谷、川、湖、草原、疎林といった環境で、手分けして食物を探し、待っている人々は仲間に期待し、直面する危険に備える企画力を持つようになった。体力の乏しい祖先たちは信頼し、協力し合って生き延びた。異世界への想像力はこうした能力の中で芽生えた。

次に人類の祖先が新しい土地へと移住する時代になると、移住先から元の土地に帰ってきた人々が持ち帰った物から想像を膨らませた。だがアフリカ大陸を出てユーラシアへと生活領域が広がると、人類は新しい土地に十分に適応し、元の集団との関係が途切れていく。

二〇万年から三〇万年前にアフリカに登場した現代人ホモ・サピエンスは、オーストラリア大陸や南北新大陸へと進出したが、そのような動きをアフリカにいた人類たちは知らなかったはずだ。この時代は、人類が多様な地域に分かれて居住し、それぞれが近い集団間でのみ連絡を取り合っていたものの、自分の住む世界とかけ離れた地域への想像力は働かなかっただろう。

しかし、七万年から一〇万年前に発明された言葉によって状況は大きく変わったはずだ。見知らぬ遠くの出来事を伝え、自分が住んでいる土地とは全く異なる環境について、想像をめぐらすようになる。もちろん、見たこともない世界を言葉だけで表すのはやはり限界があっただろう。

その後、人類はどんどん進化し、今ではコンピュータ・グラフィックスなどの技術によって、本物に見える仮想映像が可能になった。世界的な人気を誇る小説家の村上春樹は『ねじまき鳥クロニクル』や『1Q84』でパラレルワールドを見事に描いている。登場人物たちは現実とは異なる世界に迷い込むが、最終的にはそこから脱出し現実世界に戻ってくる。月がふたつある異世界は現実の世界ともつながっている。その世界観に、多くの人びとが魅力を感じているのだろう。

パラレルワールドを移行可能だと考える世界観は、遊動と複数居住を好む傾向を生み出していくのではないか。アフリカでの調査でゴリラと共に暮らす中で、異なる世界を往復する日々を経験し、映画や小説やヴァーチャルリアリティを用いなくても、複数の異世界に身を置くことは可能だ、と考えるようになった。それは動物の世界に限らず、交通手段が発達した現代なら、短時間で異なる文化を持つ土地を往復できる。一つの世界でしがらみに縛り付けられるよりも、違う自分を演じられる複数の拠点を持ったほうが生きやすい。そう考える人は増えていくはずだ。

新しいコミュニティの時代へ

ここでまたコミュニティの話にもどる。

二〇〇六年に北海道夕張市の財政破綻が明らかになり、日本中に大きな衝撃を与えた。しかし、夕張市は今、住民たちが様々なアイデアを出し、市長がそれを取り入れて復興しつつある。夕張メロンをはじめとする特産品を全国へ届け、また全国から人を集めて、非常に大きな勢いで伸び始めている。

財源は豊富なほうがいいだろうし、中央に本社を持つ会社の工場を移転させて職を生むことは有効な方法だろう。しかしコミュニティを活性化する方法は他にもある。夕張市は、住民たちが互いに協力して創造的な活動を始めれば、大きな成功を呼ぶ可能性があることを示した。

今は、地域の新しい試みが全国紙に載らなければ誰にも伝わらなかった時代とは違う。SNSを使って個人が発信できるし、場合によっては国境を越えてその情報が伝わり、世界各国から人が訪れ、あるいは契約を結べば物品を直接送れる時代になった。もはやビジネスとしても、あるいは心の交流・人的交流にしても、地域と地域が直接結ばれる時代なのである。

今、新型コロナウイルスの勢力が徐々に弱まり、世界中で人々が一斉に動き始めている。その目的は観光だけではない。人々の交流による、国境の切り崩しができるかもしれない。例えば、イスラエルとパレスチナの若者たちが第三国に集まり、そこで一緒に学びの機会を持ったり、起業したりしながら、お互いの宗教の壁を越えて未来を創造していくような試みだって可能だろう。そういう活動が世界規模でできるようになり始めていることが大きい。

一万二〇〇〇年前に農耕牧畜が始まって定住を選択して以来、人類が依存してきた地縁性は、遊動の時代になって稀薄になり始めている。どこに住んでもいいと思う若者が増え始めているのだ。

定住により土地は所有物となったが、定住前、世界中のすべての土地は共有地だった。だから誰もが共有できる土地を増やしていくことが、これから一番の課題解決方法になる。日本では少子化もあり、土地を手放す人が増えている。税金対策でもあるだろうし、子孫に受け継ぐ資産に対する考え方が変わってきている面もあるのだろう。

資産とは不動産でも動産でもなく、未来の可能性だと考える人が増え始めてきた。今、資産とは何かといえば、信頼し合える人的資産かもしれない。世界中に信頼する友だちを持てれば、子どもたちはその人たちを頼りにして、自らの未来を切り拓くことができる。これはお金で買えるものではない。そういうものを残していくのが、最も子どもたちのためになると考える大人も増えるだろう。人びとの意識は、ドラスティックに変化していくのではないか。

支え合う社会

これまで書いてきたように、日本人は昔からパラレルワールドを描いていて、互いを行ったり来たりしてきた。これが未来への大きなヒントとなる。

これまでのヴァーチャルリアリティは、現実世界を虚構に移し替え、そこで実験するという話だった。だが、最近流行のメタバースは、初めから現実の世界とはかけ離れている。そこでは自分と全く違う主人公になれるし、性も年齢も変更して、新たな世界で活躍できる。とてもいい話だが危ない話でもある。

現実世界との交流を途絶えさせてしまうと、向こうの世界のほうがよくなってしまうこともあるだろう。これまでのパラレルワールドは、あくまで現実と地続きだったので、生身の自分、現実世界にいる自分が常に意識されていて、それほど飛躍はしなかった。

しかし、メタバースでは、向こうの世界にいる自分のほうが本物の自分に見えてくる。そうなると、現実世界での倫理や道徳が雲散霧消してしまうかもしれない。現実の世界がいろいろな規則で縛られていれば、極端な話だが、それを突破しようという気持ちになってしまう可能性もありえるだろう。

また、向こうの世界では簡単に人を裏切れてしまう。様々な人物に変身できるから、自分にとって都合のいいようにつくり変えたりもできる。人間はとても環境に適応しやすい動物だ。環境を自分のためにつくり変えようとしてきたはずが、一度つくると今度は自分が何とか適応しようとする。

例えば、ファストフードチェーンのハンバーガーは若者にとっては美味しいものだ。健康には悪いが食べたくなるから、ついつい手を伸ばし不健康になってしまう。糖尿病や腎臓病になったり、肥満になったりして、様々な病気の元になる。本来なら小麦粉や質の悪い肉を食べ続けるのは体に悪いから違うものに替えるほうがいいはずで、野菜を増やすほうがいいかもしれない。しかし、そうはならない。科学技術がつくり出した、低コストで美味しい食環境に自分を適応させているのだ。世界中に展開するグローバル企業は、みんながハンバーガーを食べたくなるように情報環境を誘導する。ファストフードは世界の隅々にまで広がる。

同じように、人間がつくった様々な環境は、本来ならば、人間の欲求、生活のしやすさ、幸福につながるはずだったのに、いびつな形で人間を適応させている。

日本のマンションもそうだろう。一軒家を建てるには土地を買わなくてはいけないが、コストがかかりすぎる。マンションだったら土地代はいらないし、将来的に転売もしやすいから投資の対象にもなり、評判になった。だがマンションは外とのつながりを一切遮断している。マンションに住んでいる人間は外とのつながりもマンション内の住民同士のつながりもないケースが多い。マンションに住むことによって隣人に対する配慮が薄れた人もいるだろう。お互いがつながり、困ったことも相談し合い、トラブルが起こったらみんなでそれを解決する、というのが近所同士のつきあいだったのに、マンションではそれができなくなった。そして、近所づきあいをまったく経験しない子どもたちが育ち、それが当たり前だと思うようになり、社会自体が変わり、人間も変わっていく。

これまで人類は、科学技術に頼って個人の欲求を満たし、個人の能力を拡大するように技術を使ってきた。これが現代における生き方で、その典型が自己実現、自己責任論だ。まわりに迷惑をかけなければ個人の実現を目指して何をやってもいいという思想が広まった。自分がやったことは自分で責任を持ちなさい、自分が成功したら自分で褒めてあげなさい、というのが、一九八〇年代から現代にまで行き渡った思想である。

しかし、それではもう生きられなくなってきている。迷惑を掛け合ってもいい、という社会に戻さなくてはいけない。社会の至る所にひずみができ始めて、格差が広がっている。能力の違う者同士が助け合って、自分にはできないことを他人にやってもらい、他人にできないことを自分が率先してやり、協力し合って生きていく。

今、子ども食堂や親子食堂は全国でもう七〇〇〇を超えたそうだ。駅前の商店街はシャッター通りになったが、道の駅には人が集まっている。住民たちが自力で立ち上げたマーケットや支援のシステムに、みんなが注目し参加を始めている。本当の意味での、ボランティアの時代が始まっている。こうした動きに、もっともっと注目していきたい。やはり、人間はともに支え、生きていくことによって、今日まで生き延びてきたのである。このことだけはけっして忘れてはならない。

終章

人類の未来、新しい物語の始まり

――「第二の遊動」時代

遊びが共感力を高める

人間の共感力は高めることが可能なのかと問われれば、十分可能だと私なら答える。小さい頃、子ども同士で、くんずほぐれつしながら遊んでいたことを思い出してほしい。楽しかった記憶があるのではないか。

遊びを楽しく続けようと思ったら、相手の能力や相手の気持ちを理解する必要がある。相手に合わせないと遊びはすぐ終わってしまってつまらない。だから自然と共感能力が育っていくのだ。

能力を高めるためには、ダンスも有効な手段だろう。それも一人で踊るのではなくて、社交ダンスやキャンプファイヤーなどで、みんなで輪になって踊ることが重要だ。他者と踊ろうとすると、リズムに合わせて他の人の動きに自分を合わせなくてはいけない。あるいは相手を自分の動きに導かなくてはいけない。そういった体験を経て、共感への意識が高まっていく。共感力は同調や共鳴という身体の動きから得る能力なのだ。

あるいは、主人公になったつもりで小説を読めば、物語内の出来事を追体験することになるし、ドラマを見て感激したり怒ったりすることでも共感力は培われる。共感力は何かに憑依する能力でもあるのだ。

共感力だけならサルにもある。しかし人間の場合はそこに認知能力が加わり、共感力をより高く発達させた。

共感と同情は違うものだ。共感は相手に共鳴し、相手の気持ちがわかることを指す。英語で共感は「エンパシー」で、同情は「シンパシー」になる。シンパシーは共感の上に成り立つものだ。進んで自分から助けることが相手のためになる、とわかっていないと成立しない。

まず自分の能力が相手より高いことを把握し、その上で誰かが今直面している問題は一人では乗り越えられないと察知できる、このような状況で、はじめて手を差し伸べようという気持ちが湧くわけだ。同情は、共感の上に成り立つとともに、相手と自分の間に知識や能力の差がある点を理解できなければ生まれない感情だ。だから同情できるのは類人猿以上の動物だけで、サルにはできないのだ。

さらにもう一段階、認知能力が上がると、今度は「コンパッション」になる。つまり一人ではなく、みんなで助けようという気持ちが湧いてくるのだ。人間は誰かがある方向を指差したとき、その方向にみんなが目を向け、その時に何が起こっているかを瞬間的に共有できる。第一章で紹介した「視線共有」だ。これがサルや類人猿にはできない。

誰かがある方向を見ていると理解し、みんなが視線と同じ方向を共有し、その場で何が起こっているのか理解した上で、みんなと一緒に行動しようという考えを人間は持つ。このコンパッションに至るまでが人間の共感力だ。

人間は赤ちゃんや幼児の頃から共感力を持っている。だが、認知能力が低いために自分と相手の能力の差がわからない。成長するにしたがって認知能力がつき、相手を助けようとしたり、みんなで協力して困っている人を助けようとしたりする気持ちが湧いてくる。だから私たちは成長の過程で、様々な体験や学習を積まなくてはいけない。コンパッションまでを含む共感力は、経験し学習することによって向上できるのだ。

共感力は、心や体の成長とともに、経験を積むことによって身についていくものだ。人間はサルと違い、元々そういう能力を持っていて、その能力はだんだんと成長していく。共感力が弱い人はダンスを踊ったり、音楽を聞きにコンサートに行ったり、大きなスタジアムで野球やサッカーなどのスポーツを観戦したり、ボランティア活動に参加したりすることで、共鳴や同調する機会を増やせばいい。他人と自分との間にある差を埋めようという感情を経験することはとても大切だ。

今、文部科学省はＧＩＧＡスクール構想といって、一人一人にパソコンを持たせて画面での学習を推奨しているが、この方法では共感力は育ちにくいだろう。共感力を高めるためには一つの場で、みんなで学ぶことが必要だ。そこで心や体を同調させたり共鳴させたりする体験が重要なのだ。教室の中で誰かが発言すると、「俺もそう思うんだよな」とか「私は違うと思う」などと言って、話し合いになる。他人の発言や行動に関心を寄せていけば、想像もしていなかったような自分との違いや、あるいは自分と同じ部分を認識できるようになる。単にルールを覚えさせるだけでは共感力は育たない。画面越しの文字中心の教育では、共鳴させるための動機付けや手段にはならないのだ。

また、同じクラスで同じ年齢の子どもたちとだけ付き合っているのもよくないだろう。身体能力の違う子どもたちと付き合っていかないと、他者との違いはわからない。現代は小学校も中学校も同年代との交流が中心になるから、同じような身体の子どもばかりが集まることになる。子どもの共感力を向上させるためには、もっと多様な交わりが必要になってくる。

年下の子どもとの遊びを楽しくするためには、小さな子どもに対してハンディキャップを背負わなくてはいけない。そうやって対等に付き合う知恵を持てば、相手の身体能力や気持ちを理解できるようになる。

繰り返しになるが、共感能力と認知能力は違う。共感能力とは、相手の気持ちを感じること、認知能力は相手の考えや意図を知ることだ。本来はそれぞれ違う能力であって、人間はこの二つをそれぞれ発達させて合体し、コンパッションという相手を思いやる気持ちと行為を生み出した。相手のシチュエーションが自分とは違うことを認識し、自分がどう振る舞ったら相手の役に立つかを想像できるようになったのだ。

反面、共感力は悪いことにも使えてしまう。相手の気持ちがわかるからこそ、相手をいじめてやろうという方向にも進みかねないのだ。共感力を高めたことは、人間にとって利益をもたらすだけではなく、ネガティブな結果ももたらしている。相手がどういう気持ちを抱くかがわかるから、気に食わない相手を陥れることも可能になってくる。ここにパラドックスが生まれてしまう。

昔の子どもたちは原っぱでよく遊んだし、家に友だちを呼び、みんなで遊んだ。一人遊びではなく、他の子どもたちと遊んだ経験は共感力を高めたはずだ。

もしすぐに遊べる相手がいないなら、ペットと遊んだっていい。ペットは人間とは全く違う生き物だが、ペットもいじめられては遊ぶ気にならないはずだ。人間は人間だけで生きているのではない。こんな当たり前のことも現代では忘れがちなのではないか。

人類は地球以外で生きられるか

共感力を発達させることによって、人類は地球上で強大な存在となった。

かつてジャングルから草原へと出ていった人類は、宇宙へ出ていこうとしている。アメリカが再び月を目指すアルテミス計画は、人類が初めて月面に立ったアポロ計画以来のプロジェクトで、その先には人類の宇宙移住が見据えられている。

もちろん、現代の科学技術を使えば、他の惑星へ行くことは可能だ。しかしそのとき、人類は人類ではなくなっていると思う。

ここまで説明してきたように、人類は三八億年前に登場した生命の一部であり、地球上のあらゆるものと結びついている。有機物だけではなく、無機物とも結びついている。気候、水、土、岩、虫、鳥、魚、哺乳動物とも結びつくことで、人間の存在や暮らしは成り立っている。この生態系は、元を辿れば一つのものだった。それがどんどん分化し、その一部をなしているのが人類なのだ。

人類が他の惑星に行ったとする。しかしそこには地球の生態系の一部である人類しかいない。すべてを一からつくり出さなくてはならないし、その惑星に元々あるものは、地球とは違うものかもしれない。そのような環境の中で、新しい惑星の一部となって暮らす上では、人類がその惑星を構成する要素の一部にならないといけない。地球における人類の特徴と違うものを身につけなければ、他の惑星で人類が生き残れるとは思えない。

現代の遺伝子編集や生体工学などを駆使して人間を変えていけば、いずれ地球とは違う惑星に適応できる人類をつくれるかもしれない。あるいは地球と同じような環境や空間をつくり出し、その中でなら人類は暮らし続けられるかもしれない。だがそれでは他の惑星に行ったことにはならないのではないか。場所は他の惑星でも環境は地球なのだから、その移住には限界がある。他の惑星に行って一定期間暮らせたとしても、そのときにはもう今と同じ人類ではないだろう。

多くの惑星には酸素がないし、あらゆるものを地球と同じようにつくり出すことは不可能だ。太陽の光線も地球とは全く違う。宇宙旅行はいずれ実現するだろうが、恒久的に暮らすのは全く違う話である。

私は他の惑星への移住を考えるよりも、地球に定住したほうがいいと思っている。

地球を旅するグレートジャーニーを長年にわたり行ってきた関野吉晴さんは「地球永住計画　この星に生き続けるための物語」を提唱している。私はこの計画に大賛成だ。宇宙へ移住しようという考えは、地球が住みづらくなったからという理由が大きいのだろうが、地球をもっと人間にとって暮らしやすい場所にしていくほうがよほどいいだろう。

人類だけがこの地球に生きているわけではない。例えば人間の体内には、腸内細菌が一〇〇兆個もいる。人間が食べるものも今は人工的な食品も増えたが、基本的には自然によってつくられたものを食べている。だから人間の体は地球の物質でできているといえる。しかも人間だけで生きているのではなく、様々な生物に支えられている。細菌やウイルスもそのうちの一つなのだ。

人間は無数の生物の共生体と言っても過言ではない。その人間自体も地球の一部で、地球の様々な要素によって支えられ、地球と運命を共にしている。

生成AIは全てに答える

最近、世界は生成ＡＩであるChatGPTの登場とその進展に大きな期待と警戒、懸念を抱きながら、その行方を見守っている。技術的な面でも、それをとりまく社会的な面でも日々めまぐるしいスピードで状況は変化しているが、私はこの生成ＡＩについて、人類にとって大きな転機になると捉えている。このまま便利さだけを追求して発達させていけば、人間はいずれ自身の知能を手放してしまうかもしれない。

人間は言葉の獲得によって、感じる動物から考える動物に変わった。

言葉は、世界を切り取って名前を付け、それらを組み合わせて物語化し、その物語を共有することによって文化をつくり上げ、巨大な虚構を築いた。

人間は今でも物語の中に生きている。その物語は生身の体と密着し、脳の中に埋め込まれ、外には出せなかった。人間の認知能力が言葉によっていくら向上しても、相手の考えを一〇〇パーセント読み解くことはできない。

しかし、ChatGPTに代表される生成ＡＩは、情報を基に考えるため、脳の外部操作が可能になる。いずれ人間の脳と脳が直接つながるようなことになるかもしれないし、情報や考えをいくらでも膨らませられるだろう。

人間は個人の身体の中に眠っている知恵や考えを外に出すことはできない。外から見ることもできない。だからこそ、外から操作ができない一個の人間として思想信条の自由を持っている。しかし、この物語を生み出す能力を生成ＡＩの使用によって手放してしまったら、人間はもう人間としての尊厳を保っていられなくなるかもしれない。

これまでＡＩは、ある課題を解決してもらうための情報機器だった。だが、ChatGPTは人間が抱いた様々な疑問や質問や想念に対し、答えを見つけてくれるものになりつつある。

そうなると人間は、徐々に考えなくなるだろう。もちろん考えること自体はできるだろうが、考える行為は時間も体力も使う。人類が追求してきた便利さとは効率化と生産性である。だから考えることに時間を使うのが無駄、無用に思えて、すぐに答えが欲しくなる。インターネットの出現により、すでにこういう人は増えているが、生成ＡＩによってその流れはさらに加速するだろう。ほんらい人間は、言語化が困難な感覚や感性を経て答えを導こうとするが、ChatGPT はこれまでに与えられた情報の組み合わせによって答えを出す。人間の持っている、情報にならない感性や感情などの部分は参考にされず、過去の情報から無理やりにでも答えてしまおうというのが ChatGPT なのだ。

機械化する人間、想像力の消滅

今、私たちは、とても危うい世界に足を踏み入れ始めているのではないだろうか。情報によって支配され、人間が機械になっていく恐れがあるのだ。感情を持たない機械になれば、感情をつくっていた五感もやがて手放していくかもしれない。ChatGPT を使えば使うほど、人間は情報によって動く機械になるだろう。脳の中で、感情の部分と知識の部分は分かれているが、だんだんと情報に侵蝕されていき、情報にならない感情はChatGPTでは使えないために無視され、判断材料ではなくなる。

私たちが生きた人間である証拠は、感情や生物的な感性でつくられる部分にあり、共感もこの感情によって生み出されている。たとえ相手の気持ちがわかって共感しようとしても、その状況がすごく嫌なにおいに包まれていたら共感できないこともあり得る。しかし、美しい花園にいると、嫌だと思っている相手とでも握手できたりする。

人間にはこうした感性による選択肢が非常に多くあって、行動を導いている。私たちには言葉というロゴス、論理によって動く場合と、芸術やスポーツのように感性や身体で動く場合とがあって、二つが複雑に交じり合いながら決断している。私たちはなにか行為しようとするとき、論理だけで決めていないのだ。

だが、ChatGPTは全てを論理に合わせてしまう。極端な例でいえば、ChatGPTの判断によって、莫大な被害がお互いに出ることがわかっていても、そのほうが自国として利益を得られると確定できれば、戦争にGOを出すことだってあり得るかもしれない。

たった一人でも殺したくない、敵であっても殺してはいけないと思えれば、利益を得られる場合であっても戦争はしないという判断ができる。しかし、そんな判断をChat

GPTはしないだろう。もし解決策を尋ねたら、これまでの情報を全て駆使し、利益と不利益を天秤にかけて答えを出してくる。だから、戦争をやめるためにどうしたらいいですかと質問した場合、これまでの戦争は勝ち負けの戦争しかないわけだから、このまま続けるしかありませんと答える結果になってしまう可能性がある。ChatGPTは過去を参考にするから、これまでにないことは言ってくれない。

かつて人類は歴史の中で誤った判断を何度も繰り返した。ChatGPTは、その誤りを再びやってしまう恐れがあるのだ。

ChatGPTはこれまでやっていないことを生み出せない。私たちは堂々巡りの歴史に足を踏み入れてしまうだろう。人類は新しい経験を積み重ね、これまでにはなかった世界を切り拓いてきたのに、ChatGPTによってこれまでになかったことができなくなり、繰り返しの歴史になってしまう。

これまでも歴史は繰り返すと言われてきたが、本当にそのまま繰り返したわけではなく、同じような判断をくだしてきたにすぎない。似たような行動をとっていても、地球のキャパシティは大きかったのでなんとか今日まで持ちこたえられた。

しかし今、世界は大きな転換期に差しかかっている。これまでと同じようなことを続けていたら、もう地球は人間の住める惑星ではなくなってしまう。もう限界期に達しつつあるのだ。解決策をChatGPTに依存すると、地球のキャパシティを超える事態になるかもしれない。

もしChatGPTに、地球のキャパシティを超えないようにするためにどうしたらいいですかという質問をしたら、これまで人間がやってきたことの中から選択するしかないから、では戦争を激化させ人口を減らしましょうという答えが出てくるかもしれない。人口の増大が地球環境への負荷をもたらした一因であるのだから、人口を抑制するのが一番早いだろう。人間を殺すことこそ、合理的な判断となってしまう。

でも、これはとても危ない選択だ。本来、人間は様々な選択肢を持ち、ああでもない、こうでもないと時間をかけて課題を解決してきた。それなのに、ただ便利だからと全てをChatGPTに預けてしまったら、とんでもない結果が呼び起こされるかもしれない。

人間は根源的な問題に対して思考をやめてはいけないし、これまでになかったことを考えつかなければならない。ゼロから一を生み出すのは、人間の想像力しかないのだ。

生成AIのディストピア

私はかねてより、現代生活においてスマホへの過度な依存は危険だと言い続けてきた。その理由はこれまで述べてきたように、過度な情報依存によってもたらされる弊害があるからだ。しかしChatGPTの危険は、スマホとは全く次元が違うほど大きい。

これはデジタルツインから進んでいったメタバースの出現と似ている。デジタルツインとメタバースは、ざっくりいえば、現実の世界をヴァーチャルの世界に移し替え、そこで現実では危なくてできない実験もやって、それを現実に応用しようという装置だ。現実の世界と地続きなのはデジタルツインで、そこには「リアリティ」があった。

しかしメタバースは、現実とは全く違う世界をこの世界として想像し、自分をそれぞれのアバターに置き換え、その世界で活躍することを想定している。ChatGPTと同じように、そこでは現実の世界とは違う倫理観に支配される可能性が出てくる。人を殺すのは正義だとか、人を家畜のように扱うのは当たり前だという倫理が生まれる可能性だってあり得る。現実の世界と地続きではないから、逆に向こうの世界が日常の世界となり、それを現実の世界に当てはめて統制していこうという動きが生まれるかもしれない。これはもうディストピアでしかない。

人間ははるか昔から言葉の力によって、あるいは芸術の力によって、パラレルワールドをつくってきた。『ガリバー旅行記』や『ドリトル先生航海記』、「キングコング」「バンビ」「2001年宇宙の旅」あるいは「猿の惑星」など、小説や映画の中で、パラレルワールドをつくってきた。

現実とは異なる世界を想像して、疑似的な体験もできていたが、これまではあくまで現実の世界と地続きの話だった。人間の生身の身体を超えることはなく、人間としての遊びの領域に留まっていた。

ChatGPTとメタバースがほぼ同時期に出てきたことは非常に示唆的だといえるだろう。人間は、とうとう向こうの世界、ヴァーチャルな世界に行ってしまうのかもしれない。

生物としての身体におさらばし、向こうの世界に行ったほうが気分はいいのではないか。誰でも王様になれるし、ゾウにだってライオンにだってなれる。変身し、向こうの世界で自由を満喫して、現実の世界に帰ってきたら、なにオレ、暗闇の中で寝ているだけじゃん、と思ってしまうだろう。外に出ても誰も自分のことを構ってくれない。だったらもうメタバースの世界に籠ってやろうか、というような気持ちになるかもしれない。この現実をぶち壊してやろうという、とんでもない倫理観を抱く人もきっと出てくるだろう。

そうやって考えると、宇宙移住と、メタバースと、ChatGPTの話は全てリンクしている。

今や人間にとって現実の世界は、生身の身体と認知能力ではコントロール不能になり、楽しめなくなっているのだ。私たちは、その現実を一つ一つ変えていかなければいけないのに、大事なところでも科学技術の力に頼ってしまおうとしている。自分の持って生まれた体や心ではなく、技術に頼ろうとして依存度を高めてしまったら、もはや人間は人間でなくなる。

人間が恐ろしいのは、神の手を持つ願望があるところだ。すでに人類は神の領域に足を踏みいれている。はるか昔から家畜をたくさんつくり、畑を広げることによって、他の生物を支配下に置いてきたし、遺伝子組み替えやゲノム編集で新しい作物や新しい動物をつくり出している。そうやって人間は、神になろうとしてきたのだ。そして神になるのに一番手っ取り早い方法がメタバースとChatGPTだ。安易に、かつコストも安く神になれる手段なのだ。

人類は、三八億年前から始まった地球の生命連鎖のうちの一部であることを思い知らなければならない。他の命との共生が幸福である、という道を探らないといけない。

倫理観なき虚構の危うさ

やはり、人類は虚構の使い方を間違えたのだろう。

もちろん使い方を間違えなければ、虚構は人類に幸福をもたらすこともあるし、これまでもその恩恵の中にあった。

しかし、そのために私たちは、強い倫理観を持たなければならない。そうでなければ、恩恵へのフリーライダーも出てくるし、邪（よこしま）なことを考える人間も出てくるだろう。

科学技術も本来は人間に恩恵をもたらすものだった。元々はトラクターだったものを戦車につくり替えてしまったし、ダイナマイトも硬い岩盤を砕いてトンネル工事などに役立てていたのに、やがて人を殺す道具にしてしまった。

せっかく開発した便利なものを、どんどん悪い目的で利用する人間が現れる。インターネットやスマホも、人間同士がつながるにはとても有効だが、ＳＮＳを使って人を貶（おとし）めたり、ヘイトスピーチを広げたりもできてしまう。フェイクニュースを撒き散らして混乱させることも可能で、今、世界中がこの問題に苦しんでいる。

ここまで見てきたように、科学技術は使い方を間違えると大きな災厄となる。メタバースやChatGPTが同じ道を辿る可能性は否定できない。新しい技術を開発すればするほど、技術が悪いことに使われる可能性をもう一方で考え、賢く使わなくてはいけない。これまでその規制ができなかったことを深く反省しなくてはいけないだろう。

今起こっている戦争は、共感力の暴発であると指摘してきた。

元々、共感力は小規模な社会の中で、人々が助け合って生きるために大きな力を発揮した。しかしその能力が別の集団に対する敵意という形で利用されてしまった。敵意を共有できれば、自分たちの集団は結束できる。そうやって暴発した共感力は、戦争や他の集団との争いにつながった。そんな歴史の苦い教訓が常に私の脳裏にある。

共感力は小規模な社会でしか通用しない。それが集団の外や大規模な社会では違う目的で使われてしまうことを肝に銘じないと、うまく使いこなせないのだ。

言葉はそもそも考えるために現れたコミュニケーション手段の一つであり、コミュニケーションの全てでは決してない。気持ちを伝えるためには、あえて言葉を使わないほうがうまく伝わることが多いというのも、一つの真実ではないだろうか。

言葉によって気持ちはいくらでも伝えられると思い込み、インターネットやＳＮＳで言葉が大量に使用され消費されることで、言葉は誤解を生み出す厄介なものになってしまった。

重要なので何度も繰り返すが、そもそも共感力は小規模な社会でしか通用しないものだ。そう肝に銘じたら、これを賢く使っていくためにどうしたらいいかを考えるようになるはずだ。

人間が持つ、動く自由、集まる自由、対話する自由という三つの自由をうまく使いながら小規模な集団をつなげていけばいい。個人が複数の集団を渡り歩きながら、その個人が媒介となって対立する集団間をつないでいく。集団間で人が動いていけば、文化をつなぐことができる。例えばイギリスに留学し、その社会の中で何年か過ごせば、向こうの文化が少しわかって、それを日本に紹介できる。対立している集団でも人が動けば、動いた人が媒介となってつながり合える。

動かないことは、これまで人類に災禍をもたらしてきた。繰り返し書いてきたように、人間が暴力や戦争を起こす大きな理由は、定住と所有という問題から始まっている。その前は狩猟採集社会で、なんでも分け合い、土地を共有して暮らし、所有も定住もなかった。

これからは、所有と定住を手放すことが重要だろう。

この二つを手放すためには、人がどんどん移動する傾向を強めたほうがいい。現代の科学技術を使えば、逆に農耕牧畜生活が始まる前の狩猟採集生活に似た移動社会が生まれる。

物を持つ必要がどんどんなくなるのだ。

若者たちが示す未来への希望

今、世界中で古着屋さんが増えている。古着のオンラインサイトを運営しているアメリカの「スレッドアップ」という企業が出した二〇二一年のレポートでは、古着市場は今後五年間で倍増し、七七〇億ドル（約八兆四五五〇億円）にまで拡大する、という予測も出ている。日本でも古着市場は確かに伸びている。

先日、札幌で出会ったある若者は、リユースの会社を創業し、服やブランド品を不要となった人から必要な人へと渡す仕組みを築いている。所有によって生まれる格差社会が、シェアすることによってなくなっていくのだ。

今は大企業が国際価格を握り、大量に商品をつくって規格に合うものだけをマーケットに出す。それを消費者が買って使い終わったら大量にゴミが出るという、大量生産、大量消費、大量廃棄の時代が続いている。これは所有と定住から成り立っているスタイルで、物のほうが動く社会だ。

でも人のほうが動こうとすれば、物をたくさん持っていると動けないから、所有は当然少なくなる。今の科学技術を使えば、必要なものはあらかじめ送っておけるし、あるいは現地の情報をあらかじめ調べ、移動する先々で現地調達する形が合理的ということになる。ずっと使わないものを持ち続けているより、使うものをその場で調達するほうがコストも安いし、便利になるわけだ。

格差をなくすには、人が移動したほうがいい。人が移動して交流し合えば、行為としての格差がなくなる。一緒に同じことをすればいいだけだ。人々は定住し、物をどんどん所有して、所有によって差が生まれ、人の価値が物の価値で決まって、物の移動によって格差ができた。それをなくすには、人が移動することだ。技術を賢く使えば、そんな社会が実現するはずだ。

「第二の遊動」時代はすでに始まっている。日本もこれから人が大量に移動する社会になる。例えば鹿児島で会議に出ていても、そこに集まっている日本の若い起業家たちは複数の拠点を持っている。ニューヨークやベルリンに拠点があり、国内でも札幌や東京など、様々なところに拠点を持ち、それらを渡り歩いて暮らしている。

本書では、今の日本でも世界でも、地縁、血縁、社縁がどんどんなくなりつつあると指摘した。今の若い起業家は大企業に勤めて二、三年あるいは五、六年で辞め、自分で起業している。もし起業したビジネスが失敗したとしても、どんどん別の新しいことをやり始める野心を持っている。就職から定年になるまで一つの会社だけに奉職しようと考えている人は確実に減ってきている。そうすると必然的に動く社会になっていく。仕事や生活上の関係性や集まりも、自分たちでどんどんつくっていく。それが当たり前の社会になってきている。だから所有も定住も薄まった世界になるはずだ。

そうなると、今まさに所有を巡って、あるいは領土を巡って争うという国家のあり方は機能しなくなるのではないか。科学技術によって新しい社会が生まれる可能性はきわめて高い。様々な土地を渡り歩き、自分なりの成功体験をしたいと思う人が増えていく。人類がかつて、ジャングルを出て草原に向かって歩き出したように、今、この地球で資源や技術を賢く利用しながら、生きやすいように社会をつくっていきたいという若い世代が増えているのは大きな大きな希望だ。

私はメタバースやChatGPT、また宇宙移住する話より、そうした若者たちの行動力に人類の新たな夢を見出していきたいと思う。

編集＝今井章博
編集協力＝上妻祥浩、木村美月

河出新書 067

共感革命

社交する人類の進化と未来

二〇二三年一〇月二〇日 初版印刷
二〇二三年一〇月三〇日 初版発行

著者 山極壽一
発行者 小野寺優
発行所 株式会社河出書房新社
〒一五一-〇〇五一 東京都渋谷区千駄ヶ谷二-三二-二
電話 〇三-三四〇四-一二〇一［営業］／〇三-三四〇四-八六一一［編集］
https://www.kawade.co.jp/
マーク tupera tupera
装幀 木庭貴信＋青木春香（オクターヴ）
印刷・製本 中央精版印刷株式会社
Printed in Japan ISBN978-4-309-63169-1

この国の戦争
太平洋戦争をどう読むか
奥泉光
加藤陽子
戦争を描いてきた小説家と戦争を研究してきた歴史家が、必読史料に触れ、文芸作品や手記なども読みつつ、改めてあの戦争を考える。
050

旧約聖書がわかる本
〈対話〉でひもとくその世界
並木浩一
奥泉光
旧約聖書とはどんな書物なのだろうか。小説のように自由で、思想書のように挑発的なその本質をつかみ出す〈対話〉による入門。
055

徳川家康という人
本郷和人
徳川家康とはどんな人物か？　その生きざま、家臣団、軍事、政治・経済、外交……東京大学史料編纂所教授が重要ポイントを徹底解説。
057

一神教全史　上
ユダヤ教・キリスト教・イスラム教の起源と興亡
大田俊寛
古代ユダヤ社会での一神教発生から、キリスト教の展開、ローマ帝国の興亡、イスラム教の形成、十字軍までを描く宗教思想史講義・上巻。
061

一神教全史　下
中世社会の終焉と近代国家の誕生
大田俊寛
スコラ学から、宗教改革、近代国家形成、アメリカ合衆国成立、ナチズムの世界観、イスラム主義の興隆までを描く宗教思想史講義・下巻。
062

河出新書